硝烟里的战神
战争

★ ★ ★ ★ ★　主编◎王子安　★ ★ ★ ★ ★

WEAPON

汕头大学出版社

图书在版编目（ＣＩＰ）数据

　　硝烟里的战神——战争 / 王子安主编. -- 汕头：
汕头大学出版社，2012.4（2024.1重印）
　　ISBN 978-7-5658-0682-7

　　Ⅰ．①硝… Ⅱ．①王… Ⅲ．①高技术战争－通俗读物
Ⅳ．①E0-49

　　中国版本图书馆CIP数据核字(2012)第057649号

硝烟里的战神——战争　　　XIAOYANLI DE ZHANSHEN ZHANZHENG

主　　编：王子安
责任编辑：胡开祥
责任技编：黄东生
封面设计：君阅书装
出版发行：汕头大学出版社
　　　　　广东省汕头市汕头大学内　　邮编：515063
电　　话：0754-82904613
印　　刷：唐山楠萍印务有限公司
开　　本：710mm×1000mm　1/16
印　　张：12
字　　数：100千字
版　　次：2012年4月第1版
印　　次：2024年1月第2次印刷
定　　价：55.00元
ISBN 978-7-5658-0682-7

前　言

　　青少年是我们国家未来的栋梁，是实现中华民族伟大复兴的主力军。一直以来，党和国家的领导人对青少年的健康成长教育都非常关心。对于青少年来说，他们正处于博学求知的黄金时期。除了认真学习课本上的知识外，他们还应该广泛吸收课外的知识。青少年所具备的科学素质和他们对待科学的态度，对国家的未来将会产生深远的影响。因此，对青少年开展必要的科学普及教育是极为必要的。这不仅可以丰富他们的学习生活、增加他们的想象力和逆向思维能力，而且可以开阔他们的眼界、提高他们的知识面和创新精神。

　　第二次世界大战以后，随着世界新科技革命的深入发展，涌现出了以信息科技、生物科技、新材料科技、新能源科技、空间科技、海洋开发科技等为主体的一大批高新科技。这些高科技厂泛应用于军事领域，从而发展为高科技战争。《硝烟里的战神——战争》一书介绍的即是高新科学技术应用于军事领域带给社会的影响。高科技战争是当代高科技发展并应用于军事的产物高科技战争的出现开辟了战争发展史上的新阶段，对军队作战理论、体制编制和教育训练等诸多方面产生重大影响，已经并正在引起军事领域发生全面而深刻的变革。

本书属于"科普·教育"类读物，文字语言通俗易懂，给予读者一般性的、基础性的科学知识，其读者对象是具有一定文化知识程度与教育水平的青少年。书中采用了文学性、趣味性、科普性、艺术性、文化性相结合的语言文字与内容编排，是文化性与科学性、自然性与人文性相融合的科普读物。

此外，本书为了迎合广大青少年读者的阅读兴趣，还配有相应的图文解说与介绍，再加上简约、独具一格的版式设计，以及多元素色彩的内容编排，使本书的内容更加生动化、更有吸引力，使本来生趣盎然的知识内容变得更加新鲜亮丽，从而提高了读者在阅读时的感官效果。

尽管本书在编写过程中力求精益求精，但是由于编者水平与时间的有限、仓促，使得本书难免会存在一些不足之处，敬请广大青少年读者予以见谅，并给予批评。希望本书能够成为广大青少年读者成长的良师益友，并使青少年读者的思想能够得到一定程度上的升华。

2012年3月

目 录

contents

contents

第一章

高科技战争新思路

第二次世界大战后，特别是70年代以后，随着世界新科技革命的深入发展，涌现出了以信息科技、生物科技、新材料科技、新能源科技、空间科技、海洋开发科技等为主体的一大批高新科技。这些高科技广泛应用于军事领域，使武器装备产生质的飞跃，其杀伤威力、命中精度、机动能力等作战效能空前提高，从而改变了战争的原有形态，使战争呈现高科技特征，发展为高科技战争。特别是海湾战争，使用了当代最先进的卫星、导弹、飞机、坦克、火炮、军舰、指挥自动化系统和其他科技装备，展示了现代化战争的最新水平，是一场高科技战争。高科技战争是当代高科技发展并应用于军事的产物。高科技战争的出现开辟了战争发展史上的新阶段，对军队作战理论、体制编制和教育训练等诸多方面产生了重大影响，已经并正在引起军事领域发生全面而深刻的变革。

飞 机

战争历史的新纪元

　　军事认识始终伴随着军事实践的发展而发展。然而，军事认识究竟能不能跟得上军事实践的发展，取决于客观条件和主观能动性的发挥程度。海湾战争是军事实践活动发展至今最具代表性的一场高科技战争，正因如此，在战争结束后的惊愕和咋舌声中，军事领域的原有秩序随之震颤。转眼间，军人的敏锐视线转向并定格于海湾战争，进而使方兴未艾的高科技战争研究高潮骤起。有的从这种角度，有的从那种角度审视这场战争，从而得出种种不同的结论，但共同点是人们都力图从海湾战争中寻找到打开未来战争胜利之门的锁钥。

◆ 令人震惊的海湾战争

　　20世纪90年代，爆发于中东地区的海湾战争被称为"第2.5次世界大战"，并被列为第三次浪潮时期的开篇之战。海湾战争是人类战争历史的重要转折点。它所展现的场景中，有许多值得政治家、军事家、科学家、历史学家、未来学家和哲学家们深思的东西。战争爆发的地域，是从地中海到波斯湾所毗连的狭长地带。这里从古代

海湾战争

萨达姆

起就一直是世界争斗烽烟四起的热点地区，是世界的南方和北方、东半球与西半球，以及两种宗教（基督教与伊斯兰教）、两种文化的交汇地区。第二次世界大战时该地域也是其中的一个战场，战后又成了列强必争之地。这次海湾战争的爆发是由多种因素、多种力量促成的，有着极为复杂的历史和现实、地区和全球的大背景，是一场国际政治、经济、军事、民族、文化矛盾等多层次、多因素导致的盘根错节、犬牙交错的战争。

首先，这是一场"石油战争"。自第一次中东战争以来的近半个世纪，海湾地区各国不断遭到外来势力的侵犯，正是因为那里有对他们来说可以称为国家"命脉"的石油资源。萨达姆率军侵占科威特；布什命令美国的男女军人奔赴沙漠；英、法、德、日等国不出兵就出钱。无论谁宣称是为了什么，其实经济利益才是最根本的原因。

其次，这是一场"政治战争"。海湾战争是一场世界霸权主义与地区霸权主义的对抗战争，战争的目的既是为争夺石油资源，又是企图争得中东霸主之位。萨达姆上台后的宿愿是称霸海湾，做一个"统

海湾战争

一"阿拉伯国家的"英雄",而美国要做世界霸主,当然不允许伊拉克打破中东地区的这种力量平衡。所以,海湾之战是世界强权政治与中东地区强权政治斗争的继续。

最后,这是一场国际性的"局部战争"。海湾战争中参战国家之多,在以往的各种局部战争中未曾有过。各国虽然在经济、政治、文化的各个方面有着不同的背景,然而这次却一致地以"多国部队"名义向伊拉克开战,直到把它打败为止。

当然还有其他一些次要因素促使了海湾战争的爆发。正是这些主要因素和次要因素的综合效应,引起了这场继朝鲜战争、越南战争和中东战争之后规模最大的军事行动。

◆ 战史的重要转折点

海湾战争可以说是人类战争历史发展的一个重要转折点。它意味着世界军事史上一个旧时代的结束和一个新时代的开始,标志着战争形态从过去的冷兵器、热兵器、核武器发展到高科技兵器主导战场的阶段。它被人们称为是第二次世界大战后投入新式武器种类最多、科技水平最高、规模最大、综合协调性最强的战争,是当今世界陆上、海上和空中最先进的武器装备的试验场。它揭

冷兵器

开了高科技战争的序幕，标志着战争进入了以知识、科技为基础的智能化战争时代。然而，认识这一序幕的开端，还要依赖于现代历史学家的信息库。仔细查阅历史资料，人们会发现高科技武器主导战场的战争形态，是经过20世纪80年代局部战争或武装冲突新质及其量变的积累，才逐步在战场上变为一种新的战争模式。同时，从20世纪80年代以来的局部战争到这次海湾战争的发展，还可以清晰地告诉人们这种质变已开始在军事领域引起巨大的变革。

高科技武器开始引起人关注的起因是1981年夏以色列偷袭伊拉克核反应堆，这次远程偷袭被称为"巴比伦行动"。以色列投入了14架当时堪称高科技兵器的F-15、F-16型战斗轰炸机，非常出色地完成了战术偷袭，极为精确地一举摧毁了伊拉克营建5年、耗费5亿美元的核反应堆，使世界各国都真切地感受到高科技兵器的巨大作用。2个月之后，在地中海上空，美国两架F14型舰载战斗机在E-2C型顶警机指挥下，后发制人，分别击落了两架利比亚苏-22战机。这场历时只有1分钟的空中格斗，加深了人们对高科技兵器的印象。1982年6月在中东爆发的贝卡谷地空战和5月至6月间的英阿马岛海空大战中，多机型多机种的空中力量系统、精确制寻武器、电子战飞机投入战斗，创造了高科技条件下空战和海战的新模式。这两场战争表明高科技兵器的投入已达到一定的规模，高科技战争的新质日益暴露，军事家们惊呼：战争已进入"导弹时代"，电子战将成为未来高科技战争的重要作战形式，精确制导武器将使作战样式和方法产生巨大变革，大规模空中机动将广泛用于陆地战场。也就是说，电子战、导弹战等的发展，已引起人们对高科技战争的广泛关注，军事家的大脑中逐渐形成了有关高科技战争的概念。

在此后一些局部战争中，如美军对格林纳达、利比亚、巴拿马的军

空中加油机

事行动中，全部使用了高科技兵器、高素质兵士来达成战略目标，使军事家们对高科技战争概念的理解逐渐加深。尤其是1986年美军对利比亚的突袭，给军事舞台带来了巨大的震动。在这场名为"黄金峡谷"的军事行动中，美军动用了空、海军先进的电子战飞机、空中加油机、战斗轰炸机、舰载攻击机、高速反辐射导弹、激光制导炸弹，一举摧毁了利比亚高度戒备的防空体系，直接攻击利方高度敏感的重要战略目标，有的炸弹甚至径直落到了连地面间谍部都难以发现的利比亚总统当晚居住的地方。这场战争开创了"外科手术式"的作战新样式，高科技武器的投入使作战行动直接实现了其政治目的。美军摒弃了传统的联合登陆作战，没有动用陆军，而是选择了一种符合此次战争的政治目的、能充分发挥高科技兵器优势的新战法。为此，有人甚至把它看成了"典型的高科技战争"。整个80年代，经过新质及其量的积累，直到海湾战争，人们才真正开始对高科技战争有一个较为完整的认识。在海湾战争中，美国使用了80多种高科技兵器，有些甚至是第一次投入使用。战争的结果，使许多对高科技武器持怀疑态度、说高科技武器系统不管用的人无话可说。多国部队采取空袭战、导弹战、电子战、情报战、坦克战、心理战六位一体的综合性战略战术，通过建立全方位、多层次、高立体的侦察

携带激光制导炸弹的F—16战机

系统，形成了：现代化的先进侦察情报网，基本掌握了伊拉克战略目标的分布和作战力量部署及其运动情况，为制订决策和实施打击提供了准确而有效的情报；多层次、强功率的电子战系统，为陆、海、空作战提供了可靠的保障，掌握了战场的制电磁权，为夺取制空权、制海权、制陆权提供了必要的保障前提；大批高科技飞机加上最先进的被称为"一代天骄"的精确制导武器系统，为这场战争的胜利奠定了坚实的基础；先进的侦察、通信、情报、指挥和控制系统，真正成为战争运动的神经中枢；新型夜视器材系统，改写了夜战优势归宿的历史。

高科技战争的完美表现远远不止这些方面，不能把高科技战争仅仅看作是使用了高科技的战争，正如阿尔温·托夫勒在《第三次浪潮时期的战争》中正确指出的："如果把海湾战争仅仅看作是'高科技战争'或'空中力量的胜利'，那么，就使真正发生的事情变得价值不大了。这场战争不仅使用了数量较多的高科技，而且是一种真正的大变革，它使知识灌输到暴力中去，使组织、训练、战术、战场管理、情报、时机等发生了变化，并且从根本上使火力、机动性、后勤、时间、空间和通信等相关作用重新概念化。"80年代以来的战争

阿尔温·托夫勒

发展表明，高科技兵器的投入是逐渐展开的，由于高科技、军事高科技仍在迅猛地发展着，高科技在军事领域的影响、渗透仍在继续，高科技战争形态应该说是刚刚萌发，它的规律还没有完全暴露出来，未来高科技战争究竟是什么样子还很难圆满描述，它的发展将有个过程。因而对

高科技战争来说，海湾战争所投入的高科技兵器、使用高科技的作战样式、作战方法，乃至所反映出的整个军事领域的高科技化是空前的，但却不是绝后的，是转折的序幕而非高科技战争的全景。

◆ 海湾战争的聚焦思考

海湾战争引起了世界各国军政领导人、高级将领、军事专家和学者，甚至还有一些社会学家、未来学家，以及以搞独家新闻为宗旨的新闻记者对海湾战争和高科技战争的思考。尤其是受海湾战争影响较大的国家和地区，包括美国、俄罗斯、日本、中国、海湾各国和其他有关国家，都纷纷成立起专门的研究小组，对海湾战争进行广泛而深入的研究，并且随着时间的推移逐渐将研究重心由经验研究、应急研究向理论概括、对策运用发展，海湾战争成为此后若干年内世界军事理论界关注的焦点。

美国，作为海湾战争的主角，对这场战争的反思和总结，自然最为引人关注也最全面。海湾战争一爆发，美军便把主要精力放在了对战争的跟踪研究和超前预测上。战争结束不久，美国官方和民间的研究机构陆续向世界公开发表了一系列关于海湾战争的研究和咨询报告。美国国防部根据有关法律规定，向国会提交了关于海湾战争情况的初步报告，针对国会参、众两院提出的27个方面的问题，较为系统地阐述了美国的军事战略、作战方针、军事部署、战争简要经过、高科技武器装备的使用情况、后勤保障以及后备役部队的动员等重要问题，并从战争指导角度总结了美军成败得失的经验教训。与此同时，美国战略与国际问题研究中心成立了由来自政府、实业界、学术界和军界的成员组成的研究小组，发表了价值较高的研究报告《海湾战争的军事经验教训》。1992年4月，美国国防部发表了致国会的关于海湾战争的最后报告《海湾战争》，更为系统地阐述了海湾战争的动因、详细经过、美国的作为及经验教训。与初步报告相比，最后报告内容翔实、资料丰富、结论清晰，具有较强的权威性，也纠正了初步报告

🔥 科威特空军的A-4天鹰攻击机

中过分夸大高科技武器作战效能的不实之词。同时还发表了当时的众议院武装部队委员会主席L.阿斯平穹和共和党领袖W.迪金森合作撰写的研究报告《新时代的防务：海湾战争的经验教训》，并附有国际预测公司决策系统专题报告《海湾战争及其对国防力量的影响》。相对于国防部的报告，它们具有更强的理论和规律探索性质，更为明显地体现了客观的原则，虽然其中不可避免的包含着美国的立场，代表着美国的利益，但这并不妨碍这些成果成为西方国家研究海湾战争成果的代表。同时，

🔥 海湾战争中被击毁的伊军T-72M主战坦克

它们也为世界其他国家（包括伊拉克这样的战败国）认识海湾战争提供了具有较高可信度的丰富资料。1993年6月，针对海湾战争所提供的经验教训，美国战略和国际问题研究中心的一个专题研究小组完成了题为《军事科技革命》的研究报告，对美军未来作战提出了指导性

咨询建议。除此之外，海湾战争结束以来，美国的军事研究人员、专家、学者已就与海湾战争有关的重大问题发表了数千篇学术论文，提出了许多有见地的见解。美国军方根据海湾战争提供的经验，不断调整军事战略、国家战略，已修订出新的陆军《作战纲要》，制订了新的作战理论和原则，海湾战争的研究成果已成为指导美军军队建设、未来作战的重要依据。

由于海湾战争的胜者是长期与苏联互争霸的美国，而败者则是拥有80%以上苏式装备、深受苏军作战理论影响、长期接受苏军训练的伊拉克。因而，这场战争在当时的苏联军界甚至整个苏联社会引起了巨大轰动。当时的国防部长亚佐夫元帅、总参谋长莫伊谢夫大将等高级军事领导人曾多次公开发表讲话，强调要从海湾战争总结出有益的经验教

德米特里·亚佐夫

训。他们针对战争中苏式高科技武器（伊拉克使用的）被美式高科技兵器击毁的惨痛教训，开始组织庞大的研究力量，进行系统研究，对军队建设、武器系统发展进行重新审视和检讨，对苏军防御性军事学说提出质疑，对其传统作战理论进行批评，对苏军军事科技落后于美国深感不安。苏联解体后，继承了苏联大部分军事遗产的俄罗斯在加紧组建本国军队的同时，也在继续加强对海湾战争和高科技战

沃罗比约夫将军

争的研究，对高科技武器的地位和作用、精确制导等武器的发展、高科技条件下的作战理论等问题进行了广泛而深入的探讨，提出了很多新的理论观点。比如著名战术问题专家沃罗比约夫将军，在深入研究海湾战争经验和现代军事科技的基础上，对战术的发展趋势提出了一系列新见解，认为：在海湾战争中远战已成为战术方法的主要形式，远战是快速机动行动的本质属性，未来科技的发展有可能使远战成为战术行动的基本样式，所以现在就应着手发展适应远战的武器装备和掌握实施远战的战术。1993年6月9日，俄军《红星报》发表题为《我们需要21世纪的军队》的署名文章，阐述了俄军应从海湾战争中吸取的经验教训，包括：海湾战争具有崭新的特点，"沙漠行动"是未来战役的某种雏形，大纵深、高准确性和密集的空中火力杀伤将成为战争的普遍现象；军事行动的突发性具有重要的作用；在陆海空诸军种协同作战的情况下，空军和高精确度武器的第一次密集打击具有特殊的意义；只是注重防御注定要失败，要重视研究北约国家在战争手段上坚持的"在杀伤地区外进行杀伤"的军事思想；在现代战争条件下，如何识别敌我部队是个十分重要的问题；局部战争和冲突的经验表明，战争中如果不使用训练有素的预备队，甚至都不能完成地区性任务等等。这些思想，在后来俄确立的国家军事学说中，都有所反映。

日本，这个拥有世界一流科技水平的强国，在研究海湾战争方面所花的财力、物力和人力绝不亚于美国。从防卫厅自卫队官方职能部门、研究机构到历史学家、大学教授，无不致力于海

战斧导弹打响了海湾战争的第一枪

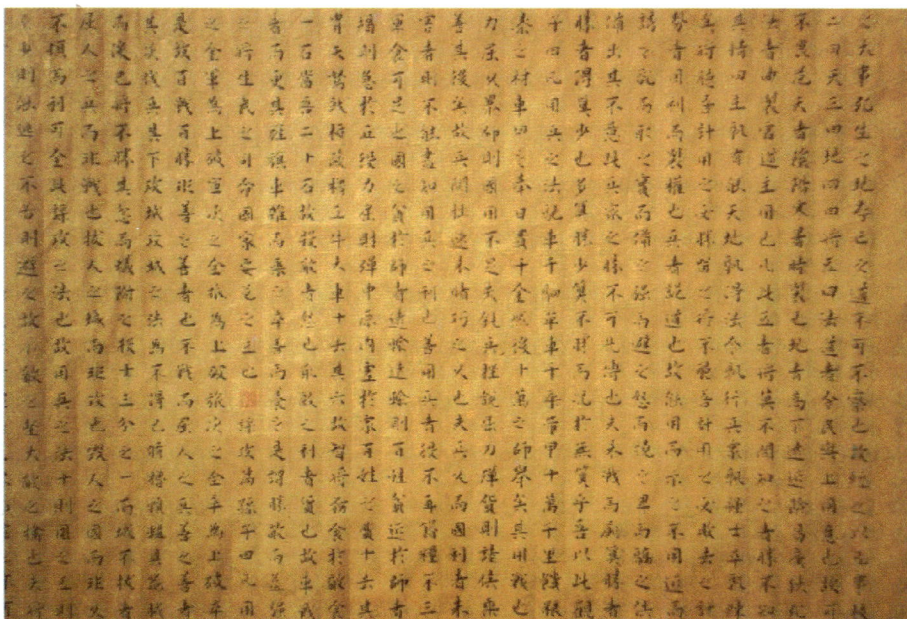

《孙子》兵法

湾战争经验的探索。这个一向注重并善于汲取东、西方军事历史遗产为己所用的东方岛国，利用其先进的研究手段和方法，在这方面同样获得了许多成果，为日本官方提供了可供选择的高质量咨询报告，在认识深度和理论概括上达到了一定的水平。有一些日本专家学者还撰文将《孙子》兵法与海湾战争联系起来，阐明了《孙子》这部不朽之作对海湾战争的现实指导意义。战争结束后不久，《钻石》周刊发表署名文章，提出海湾战争具有"第2.5次世界大战"的性质，这一观点被世界上相当多的国家所接受。日本人对海湾战争的经验总结虽有一定片面性，但总起来看还是比较符合日本国的实际，民族文化偏见大大减少，同时对海湾战争的评价也较客观。比如京都大学教授高坂正尧在《海湾战争的教训和冷战后的世界》一文中指出，海湾战争所表明的，不是军事力量失去了意义，而是军事力量在某些场合下具有决定性的作用；海湾战争胜败的决定因素，既非空中力量，也非高科技能力，而应属美国外交上的成功。直到现在，日本军方仍然十分重视海湾战争经验的现实指导作用，不断根据研究所获得的认识修正战略思想、加强军事力量建设，强调要发挥其军事高科技的"潜在威慑力"。

在中国，对海湾战争进而对高科技战争现象的研究，一度成为当代中国军人理论思维的热点。中国军队通过研究海湾战争，获得了具有教育意义的经验和教训。中国军队得出以下几点重要结论：第一是先进科技是中国在所有战争中取得战略和战术成功的关键。海湾战争中，高科技使得联军可以在昼夜、全天候、任何环境、地形条件下攻击伊拉克军队。激光、红外和光电制导的精确制导弹药提高了对伊拉克目标打击的精确度，同时降低了友军误伤。隐形飞机在夜色和电子干扰的掩护下渗透至伊拉克领空，精确轰炸敌军指挥、控制设施，而自身毫无损失。联军的装甲部队　　安装了全球定位系统后，能在伊拉克军队不敢涉足的沙漠中行进，并使用远程激光制导导弹和贫铀弹摧毁苏联制造的T-72坦克和中国制造的T-55坦克。先进的空中和天基指挥和

T-55坦克

T-72坦克

控制系统为联军提供了精确的战场画面，从而更有效地打击了伊军。第二是像海湾战争那样短时间的快速局部战争对实现政治目的是有用的，同时还可以防止爆发大规模战争。第三是高科技使快速结束战争成为可能。联军部队占据信息战主动权，通过精确打击摧毁伊军指挥和控制系统，使其既"瞎"又"聋"，部队得不到有效指挥。联军的运动战的快节奏和高效打击力使伊军大为吃惊。联军可24小时不间断地对伊拉克的基础设施和战场目标实施攻击，快速削弱伊军实力。伊军部队在联军地面战开始4天，即整个战争开始后的60天里就投降了。在经过了对海湾战争等高科技局部战争种种表现的热烈讨论之后，人们开始转向深层次冷静思考，由是什么转向为什么，由一般的理论概述转向方法论的思考和今后怎样办的问题，力求正确地揭示高科技战争的基本性质和普遍规律，并同当代中国的国情、军情及国际环境紧密结合起来，以便更有效地指导自己的军队建设、国防建设和未来的反侵略战争。

海湾地区各国，尤其是伊拉克、科威特、以色列、埃及、叙利亚、沙特阿拉伯等，更是以亲身感受来总结、消化海湾战争留下的历史经验教训。比如伊拉克，虽然当局很少向外界公开有关这方面的情况，但从伊拉克领导人的讲话和有关伊拉克的各种

🚀 配置了C3I系统的坦克

文献资料中可以看出，海湾战争结束后，伊拉克最高当局即组织有关人员，在内部检讨和反省在对多国部队作战中的错误，认真总结并汲取造成失败的教训，逐步认识到高科技武器装备和高质量军队的重要价值。他们在联合国和西方社会的全面而严厉的制裁下继续求生存求发展，在国际社会监督下不仅力图保持核、生、化武器的研制和生产能力，而且开始注重各种军用高科技的研制和开发。与此同时，他们根据现代作战需要加强军队建设，调整建军计划，加强军事训练、思想灌输和政治控制，要求军队尽快学会使用高科技兵器，改革武器装备体系，特别是C3I系统和电子战装备，力求使自己的军事力量尽快恢复到战前水平，使军队逐步向职业化过渡，走质量建军的道路，使军队具备打高科技战争的能力。

在英国、法国、德国等"北约"国家，官方的军事职能部门、研究

机构和民间的研究机构对海湾战争经验教训的重视程度同样不亚于对海湾战争本身的密切关注。如著名的伦敦国际战略研究所，发表了许多关于海湾战争的专题研究报告，从政治、经济、外交、科技、军事方面对海湾战争进行了全面剖析。获得统一不久的德国，为建立强大的军事力量，也加强了对海湾战争的研究，期望着从中得到启示。在战争即将结束的时候，德国《世界报》发表了洛培尔·吕尔的文章，认为对于欧洲北约部队来说，可以从海湾战争得出8条军事结论，同时指出了今后必须进一步注意和加强的各个方面等等。

◆ 海湾战争经验的思辩

海湾战争深刻地反映了世界在向新格局过渡时各种矛盾的变化，是这些矛盾局部激化的结果。它展示了由新的作战手段和作战思想运用于战争而产生的作战样式的诸多新特点，主要包括：空中作战已成为一种独立作战样式；机动作战是进攻作战的基本方式；远程火力战是主要的交战手段；电子战是伴随"硬杀伤"所不可缺少的作战方式；夜战是一种富有新内涵的战斗方式。由于新科技革命，特别是高科技、军用高科技的迅猛发展，现代战争乃至整个现代军事领域正在发生着一场可以称得上是"革命性"的根本变革。海湾战争正爆发于这场军事革命迅猛发展的进程之中，可说是这场革命的一次实战试验，难怪世界各个国家都是如此认真地总结和思考这次战争的经验教训，都希望从战争提供的新鲜经验中获取营养。然而，由于受文化传统（包括军事文化传统）、经验材料、理论水平、思维方式、文明程度、世界观和方法论、观察思考问题的角度等等诸多因素制约，人们的认识水平参差不齐，得出的结论亦各不相同。为了正确总结与运用这些新的经验与教训，我们必须从更高、更深的层次对其做进一步的分析研究。

◆ 海湾战争的研究成果

对海湾战争的胜败得失，我们应该从不同的角度去认识和研究其价值、意义。首先就必须通过查阅已有的研究资料，认真分析当前世界各主要国家军事界关于这场新式战争的见解，并在此基础上进行必要的概括与总结。当然，由于受研究资料、手段和时间等方面因素的制约，这些总结只能是对其中某些精华部分的重新排列组合。那么，通过对海湾战争的研究，以及进而对高科技战争的思考，世界各国得出了如下这些有代表性的结论：

（1）高科技战争是军事科技水平发展到新阶段即高科技阶段的战争

高科技战争虽已成为现代战争的基本模式，但在被人们称为"第三次浪潮"的历史时期内，高科技战争同其他形态的战争将长期共存，战争多是混合形式的战争。就目前来说，尽管高科技战争规律尚未完全暴露，但在以海湾战争为代表的现代局部战争的强有力的推动下，高科技在军事领域的运用已经并且仍将继续引起军事领域的一系列连锁反应，引起军事战略、作战理论、作战方式、编制体制、战争样式、攻防形式、火力配系、后勤保障、指挥与控制、人员素质、军事谋略等各方面全方位的深刻变革乃至革命。同时有的人认为，海湾战争之所以称为高科技战争，主要是基于以下几

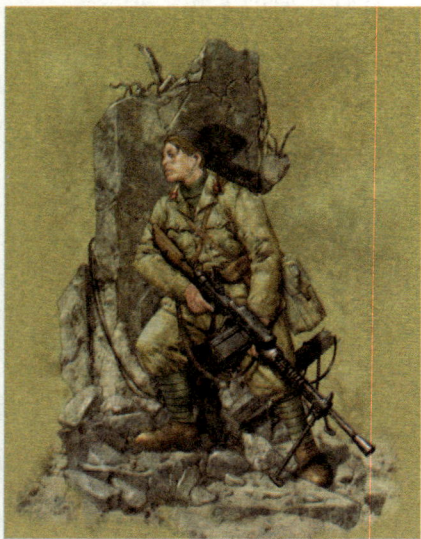

士兵

🔥 海湾战争中的士兵

种情况：非大规模杀伤；特别专业化的部队、武器系统和任务；庞大的电子防御设施；高度机动性；进一步强调时机；空中封锁而不是正面进攻；广泛依靠空间能力；受过教育、目的十分明确的高智商士兵；从实战管理出发改进通信和控制设施。毫无疑问，人们已经越来越认识到这场变革的历史和现实意义。

（2）高科技战争新特点

高科技战争同其他形态的战争相比呈现出新的特点：高速度、高立体、高消耗、高毁伤、全领域、全方位、全天时、全军种和全战法，空间增大、纵深增大、突然性增大。

具体来讲，战场范围增加了外层空间和电磁这两个新的战场领域，形成陆地、海上、空中、外层空间、电磁战场五位一体，它们相互依赖，相互作用；作战讲究"空地一体""空海地天一体"，从而要求各军兵种力量实施高度联合作战、合成作战和合同作战；作战手段讲究电子战、导弹战、坦克战、心理战、空袭战、登陆战多位一体，软硬攻击一体化，作战时讲究实施脱离接触、间接打击，强调非线式作战、远距离超视距人力突击；作战力量结构发生根本变化，空中力量的作用突出，成为一种战争手段并出现独立的空中战役，成为高科技战争中一支有决定性作用的力量；电子战力量的地位十分突出，电子战成为作战行动的先导，制电磁权成为制空权、制海权、制陆权的前提，并贯穿于战争的全过程，电子战能力已成为军力对比中的重要因素；地面战争仍然是大规模高科技战争的必经阶段，现代地面战争强调在海、空优势的紧密配合下，运用先进的装甲兵器和武装直升机，实施大迂回、大纵深的

武装直升机

立体作战，从而保证最后胜利地结束战争。但是，在高科技战争中，任何一种军事力量都不能单独赢得战争的全面胜利，所以更强调各种军事力量的合力作用。高科技战争中，无论在地面、空中还是在海上和空间，精确性和高速度是取胜的关键，特别强调快速部署、动员、调动、突袭和封锁，而不再是慢速的、呆板的正面力量冲突。

（3）高科技战争的作战指挥系统至关重要。

高科技条件要求运用自动化指挥系统，广泛使用C3I系统，对战场实施严密的管理和控制。由于情报信息大量增加，指挥周期十分短促，战争控制变得更加困难，这就对指挥的灵活性与稳定性提出了更高的要求。同时，高科技也为增强战争

战术导弹C3I系统

指挥控制能力提供了优越条件，只要形成从国家、战区到战场，从战略到战术配套的多层次的综合C3I系统，实现人机结合的自动化，就有可能实施高效、快速的指挥与控制。

（4）高科技应用于军事领域，使军队本身发生了深刻变革。

高科技对军队的影响是全方位的，不仅改变着军队建设发展的方向，使军队的规模、结构、成分发生巨大的变化，而且在军队的人员素质、作战功能、内部运行机制等方面也引起了深刻的变革。一些新科技军兵种逐渐发展壮大成为独立的作战力量，如电子装备发展促使电子战

部队迅速崛起；军队内部的军兵种结构向科技密集的军兵种倾斜，调整军队内部的军兵种结构，强调发展空、海、天军和电子战部队以及特种作战部队，已成为许多国家军队建设的重点；人员质量不断提高，据美军称，海湾战争中的美国军队是"有史以来知识水平最高、士气最旺盛和战斗力最强的军队"。增加军队成分的科技含量、重视人才建设已经成为高科技条件下军队建设的重点。

（5）高科技战争后勤保障任务艰巨而繁重

高科技战争后勤保障任务要求有充分的物质、科技储备量和各种高科技的运输工具。从一定意义上讲，高科技战争是打科技仗，也是打后勤保障仗；高科技战争规模、范围、激烈程度的发展，使后勤保障的规模不断扩大；高科技战争需求的多样化，使后勤保障结构更加复杂化；高科技战争立体性强，前后方界限更趋模糊，

运输机

使得后方防卫的作用更加突出，因此要求后方地域必须组织防空、防导弹、防空降和对地面的防御，以至对外层空间的防御。为此就需要提供快速及时、量足质优、准确高效的后勤保障。

（6）高科技战争是一种知识密集型战争

一方面在战争指导上必须更加重视从科技角度思考问题，实行科学决策，取得智力性较量的优势和主动；另一方面，高科技战争战场作战的整体性明显增强，对军队的整体作战效能提出了更高的要求，即必须

"飞毛腿"导弹

实施协调一致的行动。而且高科技兵器的发展及其实战运用也强制性地提出了新的作战理论和新的军事思想，这就出现了一个传统的作战理论和军事思想不断更新的问题。

（7）高科技战争是体系对体系的战争

战略、战役、战术行动往往融为一体，战役的分量加重，往往带有战略决战性质。战术行动也常常可能超越战役而与战略发生直接的关系，称为"战略上的战术行动"。甚至有时候初战即是终战。在海湾战争中，以战略空军、战术空军、舰载航空兵和导弹为代表的战略和战役手段对粉碎伊军起到了重要作用。

（8）高科技兵器也不是绝对的和万能的

高科技常规战争是对传统战争的继承与发展，而不是对传统战争的完全否定。在高科技条件下，一些传统的作战方式和手段经过改进，仍然能够在高科技战争中发挥出积极的作用。科技的先进与落后，武器装备的优势与劣势是相比较而存在、相对立而发展的，直接影响到强与弱在一定条件下的互相转化。

（9）谋略在高科技战争中具有十分重要的地位

高科技武器装备为战争指导者施谋定计提供了新的物质手段，开辟了一个新天地，使古老的谋略艺术上升到了一个新层次。在发展过程中，谋略也在不断得到扬弃和升华，海湾战争中对《孙子》兵法的借鉴和运用，就是一个典型的例证。同时，高科技战争的实践还创造出了许多新的谋略艺术，先谋后战、谋而取胜仍是普遍真理。海湾战争通篇都是充满谋略对抗的战争，而且正是谋略的巧妙运用，使占有高科技优势的多国部队以最小的代价换取了最大的胜利。同时，高科技战争中军队的分布密度越来越小，小分队以至个人独立遂行任务的机会大大增加，

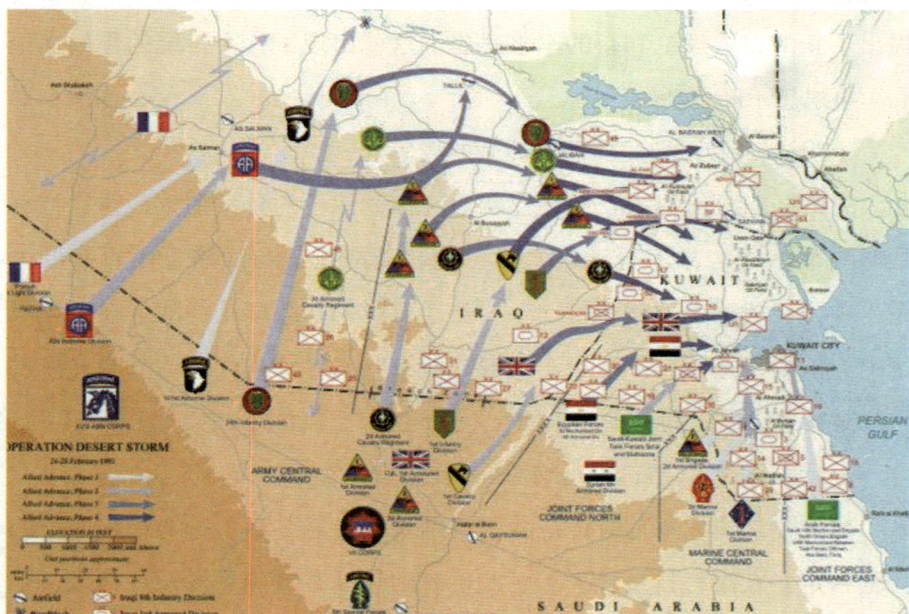

海湾战争地面战

谋略将不再仅仅是手持羽扇的军师幕僚的专利，从将军到士兵，无不需要谋略的帮助，以谋制胜。

（10）海湾战争的"特殊性"

在研究思考这一重要事件时，必须时刻牢记海湾战争"特殊性"这一点。美国战略和国际问题研究中心的报告认为，他们从海湾战争中所得出的7个重要的经验教训中的第一个就是："海湾战争的特殊性实际上极大地制约了我们汲取经验教训的能力。所有战争都有其独特性，而这场战争——其敌人、地形和其他很多特点——又要比大多数战争更具特色。"

我们必须明确一点，如果对高科技战争的研究仅仅到此为止，显然距离现实的需要还远远不够，还需要人们作更深层的分析与思考。

◆ 海湾战争的经验综述

电子战

海湾战争的发生、发展和结局有其特殊的规律和鲜明的时代特色，战争双方的经验教训也颇为可贵。人们通过从各种角度对海湾战争各个方面的分析探索，如战略、战役、战术、国防建设、武器装备系统发展、军队编制体制、军事训练、军事谋略、心理战、后勤保障等，可以说几乎每一分支、每个部门，都能从海湾战争中吸取一定的养分。从上述的综合结论和其他许多没有列出的成果中，只要经过一番认真的思考，人们不难得出许多有益的启示。其中比较重要的有：

（1）高科技、高科技兵器、高科技战争的产生决非偶然，它们将主宰未来的军事领域。我们必须勇敢地面对高科技战争的现实，探索高科技战争的本质与规律，并把发展高科技、高科技兵器的任务摆在战略地位上，确保能够在未来军事斗争中占据有利的战略地位。

（2）电子科技是自火药发明以来军事领域比较伟大的成果。电子战已渗透到战场的各个领域，电磁领域的斗争空前激烈并贯穿战争的全过程，成为继陆、海、空之后开辟的"第四维战场"。我们必须发展和加强电子科技与电子战力量，注意加强对未来战场中制电磁权的争夺。

武器装备

（3）制空权的争夺是高科技条件下非常关键的一环。能不能抗住敌人强大的空袭压力，最大限度地保存有生力量和战争潜力，将对尔后的地面和海上作战产生决定性的影响。而制空权的争夺必须依赖空中力量形成各种空中武器的综合力量体系。尤其随着宇航科技的发展和广泛运用，制天权同制空权一样，将在未来战争中起着越来越重要的作用。

（4）高科技对军事领域的影响，不仅关系到武器装备和军队编制体制方面，而且直接涉及到战法问题。要想在战场上争取主动权并取得胜利，就必须拓宽途径，站在军事科技变革的前沿思考新问题，寻找对付高科技之敌的新方法、新途径。如何运用劣势装备战胜拥有优势装备之敌，仍是科技上处于后进状态的军队必须着重研究解决的关键难题。

吕迪·鲍尔CI导向系统设计

（5）高科技条件下，军队的质量建设成为各国军队追求的目标，为此必须在宏观上处理好质量与数量的关系，贯彻少而精、合理够用的原则，使诸军、兵种协调、均衡地发展，对原有不合理的方面实行实事求是的大胆改革，以适应未来高科技战争的需要。

（6）结合本国的实际情况建立和使用灵活有效的CI系统是充分发挥各种武器系统和部队整体作战能力的关键性因素，是各级人员实施战争、战场指挥与控制的必备手段，是战争力量的"倍增器"和取胜的重要条件之一。

（7）严格的训练是提高现代条件下部队战斗力的重要一环。现代化军队之所以有强大的战斗力，不仅与拥有高科技兵器有关，而且与其和平时期以及战前进行的从难、从严、从实战需要出发的训练分不开。因此，必须进一步加强高强度的、逼真的作战训练，使军队在平时就做好作战的充分准备。

（8）高科技条件下军队的基本类型正在由人力、物力密集型向科技、知识密集型转变，高科技强化了军队的科技、知识含量和战争的科技、知识力量。要想夺得高科技战争的胜利，就必须自觉地使自己成为高质量、高素质的高科技军事人才，不断加强高科技知识学习，提高自己驾驭现代高科技战争的能力。

（9）高科技条件下的现代化战争是包括政治、经济、军事、外交、文化诸因素在内的综合较量，因而要善于综合运用政治、经济、军事、外交、文化等手段创造有利态势，充分发挥各种力量的整体威力。同时，高科技战争往往带有更强的联系性和国际性，必须广泛动员国际力量，结成有利于己方的统一战线。

（10）高科技促成了各武器系统、各种作战力量和各战场的有机结

战斗机

美军B-2隐形轰炸机

合，战场争夺将集中表现为整体力量的较量。因此要求在未来作战中，必须从整体进攻与整体防御的需要出发，去科学组合和形成自身的整体力量，提高部队的合成性和作战的合同性，构成整体优势，发挥整体效益，全力以赴地去夺取作战的胜利。

◆ 海湾战争中存在的问题

尽管人们通过对海湾战争以及对高科技战争的研究，已经获得了诸多成果，其中不少还是带规律性的认识，而且整个研究进程正逐渐向着深层次方向发展。然而，我们不能不清醒地看到，仍有许多问题值得深入探讨，有不少结论尚需进一步论证。在当前的研究中，至少有以下几种主要倾向应引起注意，有必要进行认真的、深刻的、辩证的分析：

（1）高科技革命意义的倾向

有的人思想保守，抱残守缺，不敢面对新事物，看不到新科技革命、尤其是军事高科技发展给军事带来的巨大影响，看下到海湾战争在战争形态上的历史进步意义。他们不是习惯用老的眼光看待现在与未来，按照传统的模式、传统的思路来评判海湾战争，就是一味强调海湾战争的特殊性，完全否认海湾战争的特殊性中所包含的高科技战争的一般性质、一般规律。在他们眼里，高科技战争无非是比以往战争多几件新式武器，没有什么新质，更没有什么根本性的变化。很显然，这种面对高科技的严峻挑战无动于衷和对军事领域现在、未来的巨大变化视而不见的倾向，危害性极大，必须引起高度重视。

（2）将特殊夸大为一般的倾向

这是指有些人把海湾战争模式化、绝对化，甚至视为样板，似乎未来战争照此实行即可。他们不懂得特殊与一般的关系，不善于将特殊上升为一般，而是用特殊代替一般，以至把各个特殊的东西都拔高为一般的规律。比如，全盘否定以往战争的历史经验，将海湾战争中特定情况下产生的特殊规律当作一般战争规律，而不是由诸多的特殊规律中抽出高科技战争的普遍规律；在运用海湾战争的经验教训时，不作具体分析，不是从海湾战争这个特殊中找出具有一般意义的东西，再结合不同对象特殊的、具体的情况，得出符合

高科技兵器

伊拉克防空导弹

客观实际的结论，而只是简单地把海湾战争的经验教训照搬过来，硬套到不同对象上去。的确，机械地搬用、移植、"固化"战争模式，是目前较普遍存在着的一种现象。

（3）单纯科技决定论的倾向

具有这种倾向的人不从经济、政治、文化、军事的综合力量出发，不从作战以及人的因素和正确指导出发，而是过分夸大高科技的作用，把高科技兵器绝对化；只重视研究高科技武器装备的优越科技性能和特点，而忽视对高科技战争产生影响和作用的其他因素的研究，忽视人才的决定性意义；把海湾战争中美国为首的多国部队的胜利简单地归结为先进科技兵器的大量投入使用，看不到造成这场战争"一边倒"的深层因素，缺乏从武器装备、人员素质、作战指挥、地理环境、国际联盟、政治经济等各个方面进行综合的分析。这实质上是一种新的"唯武器论"思潮的表现。

（4）主观片面研究胜败得失的倾向

具有这种倾向的人只注重胜利的一方，不同时研究失败的一方；只注重成功的经验，不重视失败的教训。具体来说，在研究内容上本来就存在不少偏差：一是研究高科技、高科技兵器、高科技战争的比较多，而对外交斗争、战略指导、政治斗争、经济制裁与反制裁、武器的禁运与反禁运等方面的研究则比较欠缺。二是研究美国、美军的比较多，探讨伊拉克失败教训的比较少，对科威特不战而败的教训总结得更是少。事实上，战争结局对伊拉克来说从什么意义讲是失败，失败到什么程度，科威特国富民强、不战自溃的奇特现象说明了什么，等等，这里面还有许多值得深思的东西。三是对美国成功的一面看得比较多，而对其在战争全过程中出现的失误、缺点、弱点、败笔认识比较少；相反，对伊拉克失败教训看得多，而对其成功之处看得少。另外，由于敌对双方政治宣传的成分很多，许多情况难以真实地反映出来，而有的人却对双方公布的战争资料不加深入分析就照抄照用，主观、片面地评判

F-117A "夜鹰" 战机

得失。

（5）满足于材料拼凑与堆积的倾向

这种人在如何深入研究海湾战争、高科技战争问题上出现了理论上的困惑，不知向什么地方发展，短期行为比较严重，表层认识、表层结论比较多，而对具有一定深度、长期管用的普遍规律则探讨得比较少。人们热衷于从不同的角度将各种第二手、第三手材料拼来拼去、堆来堆去，就是不在扎扎实实获取第一手科学事实材料，运用科学的方法与手段认真分析、综合与概括上下功夫。目前从哲理层次思考高科技战争问题尤显不够，那种只贪求表面上的轰轰烈烈，搞形式主义，或学究式研究，更是无法满足现代军事领域日新月异变革的需要，更不可能提出任何符合客观实际而又富有创见的东西来。

上述诸多倾向与问题的症结在哪里呢？一言以蔽之，主要在于缺乏正确的思路与方法。如果说思路与方法，在军事运动正常运行的时期就须臾不能离开的话，那么在军事运动的转轨、转折关头，更起着重要而积极引导的作用。因此，为了使对海湾战争问题的研究，进而对高科技战争本质与规律的研究更上一层楼，就必须在以往研究成果的基础上，寻找新途径，开辟新思路，运用新方法，使整个研究跃进到一个新的层次上。战争史表明，每一次军事科技革命，开始时经常受到漠视，到后来形成"气候"时，又往往容易出现夸大其作用的倾向。军事认识虽然也需要有多次往复上升的过程，但对于高科技战争来说却不能不强调逼近真理的速度。海湾战争使我们处在了高科技战争即将形成"气候"的时期，由此自然更迫切地提出了端正思想路线和思想方法的伟大任务。

硝烟里的战神——战争

随着现代高科技信息手段和非致命性武器在战场上的使用，一些人开始频繁地用"文明""人道"等词来修饰高科技战争。其实，高科技战争仍然是敌我对抗的暴力活动，战争手段的高科技化并不能消除战争本身给人类带来的灾难性后果。更重要的是，出于非正义目的的高科技战争即使伤亡再小，也不能掩盖其不人道、不文明的本质。因此，总结和分析海湾战争的经验教训，无疑是十分重要的。然而，这也仅仅是探索高科技战争现在与未来的开始。要想认识和把握高科技战争的本质和规律，决不是靠主观想象、材料堆积、孤立研究和就事论事就能办到的。因此，要全面、深刻地研究高科技战争，就不得不向科学的军事观、方法论敲门，运用哲学、军事哲学的工具和方法，对高科技战争这一新事物的内外联系进行辩证的哲理性思考。而这，正是我们要寻求的新思路。下面我们就简单介绍一下从哲学的角度来思考高科技战争应该把握的观点和方法原则：

◆ 客观的、辩证的观点和方法原则

毛泽东讲："军事的规律，和其他事物的规律一样，是客观实际在我们头脑中的反映，除了我们的头脑以外，一切都是客观

导弹

34

《毛泽东选集》

实际的东西。"（《毛泽东选集》第1卷，第181～182页，1991年版）战争既是人类一种有目的的活动，又是一个客观的、辩证的过程，战争认识就是战争实践及其规律在人们头脑中的反映。高科技战争的规律，是高科技战争客观的、辩证的过程对于我们头脑的反映，要研究和把握它，就一刻都不能离开不断发展着的客观实际，并要从不同的角度辩证地探讨高科技战争现实的底蕴。要知道，高科技战争的产生、发展、变化，是一个不以人们的主观意志为转移的客观发展过程，它不能脱离一定的经济、政治、文化、历史传统、地理环境及作战对象。要如实反映高科技战争的客观运动，认识高科技战争的内在规律，使高科技战争中的主观指导符合客观实际，只有坚持客观的、辩证的观点和方法原则，才能如愿以偿。

首先，要从高科技战争的实际出发，掌握与高科技战争紧密相关的一切真实情况，搞清20世纪80年代以来高科技局部战争或武装冲突的来龙去脉，真正了解

武装冲突

🔥 伊 军

清楚已经暴露出来的高科技战争新情况、新特点。比如研究海湾战争，就必须切实弄清海湾战争的每个细节，包括战争所投入的兵力兵器的数量与质量；高科技兵器有多少，哪些是新投入的；双方的战略思想、作战指导、战场指挥与控制、兵力部署、战争演变进程等等，还有与军事行动有关的外交斗争、经济斗争以及军事活动中的政治、经济、科技、文化的因素等。如果我们不对战争的实际情况做一番深入细致的调查研究，那么就像不了解海湾战争的实际就谈不上揭示海湾战争的特殊规律一样，不了解各类高科技条件下战争或武装冲突的实际情况及其特殊规律，也就不可能揭示出高科技战争的一般规律。

其次，要研究和揭示高科技战争的本质与规律，就必须尽可能多地占有第一手资料，并对所占有的材料进行去伪存真、去粗取精的分析。在对海湾战争的研究过程中，之所以会出现各种主观臆测的结论，恐怕与对美国、伊拉克等参战国所公布的文件、数据、研究报告不加分析地

"拿来"照用，分不清哪些是虚假、歪曲的东西，哪些才是反映实际情况的东西等原因密切相关。同样高科技战争研究也不能脱离当前的国际环境条件、各国的国情与军情、高科技的发展状况和未来战场的具体情况，如果不从新的历史条件下军队建设、国防建设和未来作战的实际情况出发，实事求是地得出客观的结论，而只是为赶时髦而研究，主观随意地作假设、发"高论"，为出书而编书，为登文章而写文章，这只能是不负责任、无的放矢的研究，不会产生对指导高科技战争实践有任何实际价值的东西。

最后，还要注重辩证思维，防止出现以偏盖全、以点代面，把某次战争经验绝对化、模式化、典型化的形而上学观点。辩证的方法是揭示高科技战争固有规律的必要工具，高科技战争的客观辩证法必须通过运用辩证思维的方式进行思考才能如实反映出来，因为军事运动本身就是辩证的，主观辩证法只有运用辩证思维才能实现主观与客观相统一。所以研究和指导高科技战争，一刻也不能离开辩证的思维。比如：（1）必须辩证地看待海湾战争所提供的经验教训。海湾战争有海湾战争的特殊情况、特殊规律，未来反侵略战争又有它自身的特殊情况、特殊规律，二者存在时间、地域、性质等方面的差异。（2）研究海湾战争既要研究美国的成功经验，也应同时研究伊拉克的失败教训；既要研究美国的失误、缺点，又应同时看到伊拉克的成功之处。（3）研究的目的是为了运用，既要研究是什么，更要研究为什么和怎么办。要深入到事物内部进行挖掘探讨，决不可只是机械地、绝对地看待美国的胜利和伊军的失败。又如，高科技兵器在战争中占有主导地位，再一次提出了人与武器的关系这一传统命题。我们必须辩证地认识高科技兵器，对它的地位和作用既不夸大也不缩小，既要看到它具有不可替代的优势的一面，也要看到它仍存在某些尚未克服和难以避免的局限性，切不可对任何高科技兵器产生迷信；必须辩证地认识高科技条件下人机结合、人与武器的关系问题，正确地看待高科技战争中人才所具有的独特的决定作用。总之，对高科技战争也要采取一分为二、两点论和重点论相结合的方法来研究。

◆ 全面的、系统的观点和方法原则

片面、孤立的地问题，难以形成正确的认识，要避免这种现象，就必须全面、系统地看待事物。同样，只有坚持全面的、系统的观点和方法原则，全面地观察和研究问题，才能正确认识高科技战争。尤其当高科技战争作为一个新事物正在形成

飞机投弹

"气候"、规律刚刚开始显现的时候，更应该注意这点。之所以如此，是因为高科技战争更加强调全面性、整体性，强调各个方面、各个阶段的相互联系、相互制约。基于此，就要求：（1）必须通观高科技战争全局，全面分析、全面考察战争领域中的诸因素，同时顾及敌我双方，做到知彼知己；全面地看待高科技战争内部各个要素、各个部分；全面地认识高科技引起的军事领域的变革；全面地评价高科技在现代战争中的地位和作用，不能单纯强调高科技武器装备这一方面的作用，还要看到

高科技对作战方法、编制体制、人员素质等方面的深远影响。（2）必须全面地看待军事运动的整个过程，从过程论的角度从各个方面审视高科技化的军事运动。一般来说，高科技的发展，运用到军事领域会使军队武器装备发生变化，产生高科技兵器，接

恶劣的气候条件

着便引起编制体制、战略战术的相应变革，然后又迫使军队作战方法、指挥原则与后勤保障等发生一系列变化，并且会导致军事观念、作战理论、军事思想的发展。单单了解某一环节的变化，还不能算是完整的规律性认识。

　　与全面观点紧密相联的，是系统的观点和方法。相对于传统的战争来说，高科技战争的系统特性尤为明显，系统性成了高科技战争的基本特征之一。高科技战争并不仅仅只有高科技这一种要素，它虽然只有高科技为背景，以高技术武器装备的广泛运用为特点，但它毕竟是政治、经济、军事、文化、外交等各因素的综合较量，是一个复杂系统的整体

海

运动。尤其是高科技战争内部已构成一个十分严密的体系，从战争整体到高科技兵器运用都是一个复杂系统。比如，高科技军事力量是由空中力量、天际力量、海上力量、地面力量、电子战力量等组成的强有力的系统

战斗机

结构，形成了陆、海、空、天、电五大方面组合的战争运动大系统，讲究联合作战、合同作战、协同作战、合成作战，讲究时间先后顺序上的配合、制约和空间立体上的作战系统、保障系统的有效协调一致。高科技战争的这种系统特性，迫使人们必须从系统角度、运用系统观点思考和解决高科技战争中的问题。同时，系统科学的发展亦为我们进一步提供了这方面的依据。系统科学认为，包括军事领域在内的客观世界的各种事物，并不是由毫无联系的东西机械凑合和偶然堆积而成的，而是由各因素以一定方式组成的有机整体，具有各组成部分所不具备的整体新性质、新功能和新规律。因此，系统科学方法要求把认识、研究、处理的对象作为各个部分、要素构成的系统整体来对待，要求从整体上、全局上考虑和处理问题。

运用系统观点研究高科技战争的关键就是要把高科技战争作为由各个部分、要素构成的系统整体来对待，从系统与要素、要素与要素、系统与环境的有机联系中，深入高科技战争系统内部，研究战争各种因素的内在联系及其转化，来揭示高科技战争的性质和运动规律。目前，世界上许多国家都相继建立了大型的"知识库""科技库""数据库""信息库"以及资料数据参数的分析论证系统，使军事活动向分析综合自动化、信息传送高效化、数据处理精密化、"实验"手段模拟化的方向发展。其目的都是为系统地分

坦克

析、研究高科技战争奠定一个更加科学和高效的基础。海湾战争中，美军在 系统上，运用"总兵力作战能力评估模型""联合战区作战模拟模型""现况应急分析模型""政治—军事模拟模型"等，进行演练分析研究，制定出"沙漠盾牌""沙漠风暴"等慎密的作战计划，已在这方面取得了惊人的成绩，很值得其他国家认真研究。简言之，坚持全面、系统地观察、分析高科技战争，从横向看，一定要强调高科技战争与社会政治、经济、外交、科技、文化等方面的联系，把准备与实施高科技战争作为一个复杂的系统工程，优化、处理好国防建设与经济建设的关系；从纵向看，一定要联系20世纪80年代以来各高科技局部战争或武装冲突的

隐形飞机

实践，考察高科技、高科技武器装备、高科技战争和高科技军事四个不同层次的关系及发生的变革。

然而，坚持全面、系统的观点说起来容易，真正贯彻并不那么简单。比如，同样是分析美军的胜利，为什么许多人只是单纯地看到高科技兵器的作用，甚至仅仅强调高科技兵器中的几件武器的作用，如精确制导武器如何如何、隐形飞机如何如何呢？关键就是他们没有系统全

面地看待这些新式武器是在什么条件下发挥作用的，看不到美军官兵训练有素和高超的技艺，看不到美军的现代化指挥与控制手段和正确的战争指导，尤其忽视了美军所处的特定环境和条件。很显然，在这场特殊的战争中，如果美军或是没有得到盟国高达540亿美元的巨额援助，或是没有赢得国际社会的支持，或是伊拉克没犯那么多错误，战争结局也可能就不同了。因为科技的领先只能算是一个方面的优势，只有在政治地位、经济力量、军事战略、武器装备、作战指导、指挥控制、联盟合作、人员素质等因素的综合方面占据优势，才是全面的具有决定性的优势，才是胜利的基础。再比如，在评价空中力量、海上力量、电磁力量、地面力量在高科技战争中的作用时，也必须进行全面系统的分析。空中力量、电子战力量相对独立，作用越来越大，但还没有达到单靠空

电磁炸弹

中力量即可取得一场高科技战争胜利的地步，陆战场仍是高科技战场的最后决战战场。这也就是说，决不能孤立地看待其中任何一种作战力量，尤其不能把军事力量与现代战争的关系简单地看作是空中力量与高科技战争的关系。因此，用系统的观念全面审视高科技战争是从高科技战争内部层层深入，并密切注视其外部联系的一种极有意义的新尝试。

◆ 历史的、发展的观点和方法原则

研究高科技战争，必须历史地、发展地看问题。历史的观点、方法与发展的观点、方法，两者是紧密联系并相互一致的。其核心，就是要求把高科技战争置于动态演变之中来进行观察和思考，既不能割断高科技战争同以往战争的历史联系，又不能把海湾战争视为未来高科技战争的样板模式，或者把当前研究高科技战争的结论视为永恒的结论。应该看到，历史是昨天的现实，现在是昨天的未来，同时又是未来的历史。战争总是随着社会主产力及政治、经济斗争的内容、形态和手段的变化而发展，从一种军事结构和战争形态发展到另一种更高级的军事结构和战争形态，这种辩证否定在时间长河中抽象为"过去—现在—未来"的螺旋式循环往复过程。所以过去、现在、未来是不能割裂的，必须历史地、发展地看待

枪

军事运动，看待高科技战争。高科技战争形态并非从天上掉下来的，它是在以往战争形态基础上形成的一种新质、新态。因此，要真正认清这种新质、新态，就必须把高科技战争放在一定的历史范围和过程中来进行考察。恩格斯说得好，世界不是一成不变的集合体，而是过程的集合体。认识高科技战争同样要按照事物发展的自然行程来揭示其规律，从事物的全貌上具体地把它们的发展进程和规律再现出来。因此了解和把握古今中外军事斗争的实际经验，弄清传统的军事结构和战争形态，弄清高科技、高科技兵器、高科技战争与冷兵器、热兵器、核战争形态的继承发展的关系就显得特别重要。如果不懂得高科技战争是继承与革新相统一的产物这一道理，自然就很难弄清哪些东西是高科技战争所特有的，哪些是过去已经有而现在仍然适用于高科技战争并被其所发展了的，哪些是被历史所无情淘汰而不必再坚持和必须彻底抛弃的。其结果只能是历史与现实混为一谈，不是把高科技战争同以往战争完全割裂开来，就是把高科技战争同以往战争完全等同起来。

与历史的观点和方法紧密相关的发展的观点和方法还有更深层的含义，即着眼于未来，反对模式化、静止化、凝固化，反对以旧眼光看待高科技兵器及其带来的军事变革，防止进入习惯性思维定势的怪圈。毛泽东历来十分强调着眼于战争发展，反对战争问题上

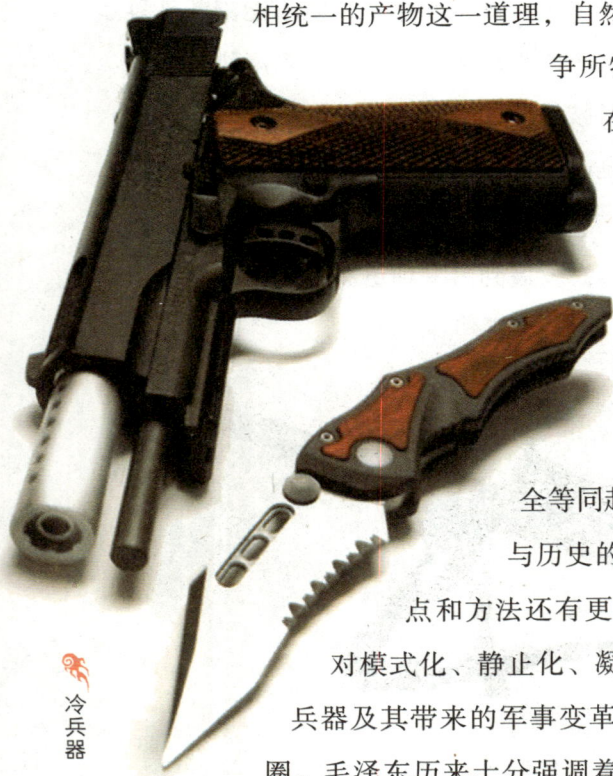

冷兵器

44

导　弹

M-60型坦克

"飞鱼"导弹

的机械论，这是完全正确的。它包含着两层意思，一是每一场战争本身是发展着的；二是整个战争史是发展着的，以后发生的战争决不会同已经发生过的战争完全相同。但有些人看海湾战争却不这样，或看不到其历史性变革的意义，或将其模式化、静止化，结果从不同角度皆陷入了形而上学的困境，之所以会如此，就是由于违背了战争运动始终是发展的这一客观规律的缘故。事实上，对于高科技战争的完整形态来说，海湾战争是序幕，但又称不上典型。尽管这场战争因为首次大量使用了高科技兵器及其相应的作战方法而明显地改变了传统战争的形态，但在这场战争中毕竟只是美国为首的多国部队单方面大量地使用了高科技兵器，伊拉克并没有广泛投入。同时，由于战局始终是"一边倒"，时间短暂，高科技兵器的许多不足和弱点尚未充分暴露，高科技战争战法还没有全面形成。何况，高科技、高科技兵器仍在迅速向前发展。随着高科技、高科技兵器的发展及其广泛应用，随着战争实践向横宽方向和纵深方向的展开，高科技战争规律将在历史运动中不断演化和丰富。原美国国防部长迪克·切尼关于海湾战争就曾经这样说过："我们在海湾战争中所使用的高科技武器系统，反映了15年、20年、甚至25年前制定的理论概念和承担的义务。同样，我们今天作出的决策将决定10年或15年以后我军拥有什么样的能力去完成作战任务。"这一说法虽然指的是美国高科技兵器、作战理论发展的过程，但其实也在某种程度上反映了所有高科技兵器和作战理论发展的过程。

迪克·切尼

◆ 矛盾的、对立的观点和方法原则

战争是由敌我矛盾发展到一定阶段时产生的特殊活动形态。观察和思考高科技战争，必须从敌我双方的情况出发，研究对抗的起因、目的、手段和结局等。因此，认识和指导高科技战争，必须树立矛盾的和对抗的观念，运用矛盾的、对抗的分析方法，有针对性地从敌我双方情况及其演变出发，来采取各种对策和行动。

首先，军事领域是一个充满着矛盾的领域。从内部说，有敌我之间的矛盾、人与武器之间的矛盾、科技和战术之间的矛盾、攻防之间的矛盾、官兵之间的矛盾等等，各种矛盾互相联系、互相影响、互相作用，构成了一个复杂的矛盾统一体。从外部联系来看，军事与社会的各个方面，诸如政治、经济、文化、历史、地理等等之间，也存在着对立统一的关系，是社会总矛盾体系的一个部分。因此，只有从矛盾的观点出发，观察、分析军事问题，才能揭示其内在本质和规律。高科技战争是一种新质层次上的矛盾对立统一体，其矛盾结构发生了重大变化，主要是战争和军队的科技基础发生了改变，从而引起了其他方面的矛盾变化。因此，研究高科技战争离不开矛盾分析，要全面而深入地剖析高科技战争各种矛盾关系，弄清高科技战争内外矛盾的详细情形，才能得出有用的结论。

军 队

其次，要看到敌我之间的对抗存在于军事领域复杂的矛盾网络中，起着决定和影响其他各种矛盾的作用。故敌我之间对抗是军事运动的根本基础，它既是发生军事斗争的根本原因，又是军事斗争要解决的根本问题，它贯穿于军事领域的全体和始终。在战争中，交战双方的一切都是相互对立、相互对抗的：目的是对抗的，起因是对抗的，手段是对抗的，作战意图、作战形式、作战手段、作战结局全都具有对抗的性质。同时，敌我之间的对抗是暴力与非暴力的对立统一，是敌我双方的斗力斗智斗勇，将必不可免地产生相互间力量的不断撞击，充满着敌我之间主观能动性的竞赛。就高科技战争而言，其对抗性更为激烈，它的暴烈程度更大。高科技战争中，既有高科技手段、方法与高科技手段、方法的对抗，也有高科技手段、方法与一般科技手段、方法的对抗，但典型的应是高科技手段与高科技手段、高科技战法与高科技

🔥 伊朗军演

战法的对抗。也就是说，高科技战争与过去战争相比，其最显著的特点是武器装备的不断高科技化，以及由此带来的战争样式、作战方法、编制体制的一系列变化。这种变化的特征，主要表现在敌对双方都力求运用多种科技措施，以削弱或抑制敌方的科技优势，并充分发挥己方的科技优势。从一定意义上讲，未来高科技战争作为未来敌我之间对抗的形式，乃是高科技的对抗，高智能的对抗，运用对抗的观点与方法分析、研究高科技战争时，必须着力注意此点。

最后，要充分了解和把握进行高科技战争双方的目的、企图、任务、手段和特点，做到知己知彼，决不可只看一方而忽视另一方。比如，在战争中，双方都以消灭对方、保存自己而获得胜利为目的，二者针锋相对，呈现出尖锐的对抗性，研究和了解敌人的作战目的，既是为了确定己方的对策，实现自己的目的，也是为了有针对性地破坏敌人的目的，使之难以实现。同样，手段的对抗以及其他的对抗也是如此，战争目的通过手段来实现，而手段有多种构成形式，有多种运用方法。必须针对敌人可能采取的手段，采取相应的措施和手段，达到扬长避短、以强击弱的效果。也就是说，研究高科技战争要有针对性，要有明确的作战对象、研究对象，一方的情况要随另一方情况的变化而变化，要随着对象的不同采取不同的方法和手段，要着眼于作战对象的特点来指导自己的行动。一方手段变化了，另一方的手段也要作相应的改变；敌人的战法变了，就要寻找对付敌人这种新战法的新办法；敌人有高科技装备，我们也要研制和使用高科技装备来对付敌人，尤其是要探求能够有效对付敌人高科技兵器的战法。如果在海湾战争中，伊拉克能有针对性地研究美国可能的作战手段、突击方式和新的作战方法，并采取有的放矢的对抗措施，结果可能就是两样。但伊拉克没有这样做，而是把对伊朗战争的那套战法照搬来对付以美国为首的多国部队，显然不可能打胜。同样，如果在未来高科技战争中，我们不管作战对象是谁，或作战对象有哪些变化，仍然照搬以往的战法，那也必然无法有效地对付将面临的新对手。因此可以说，只有根据可能出现的对抗之敌来研究新情况，预测未来作战的新样式、新手段、新战法，才能寻找到未来战争制胜之锁钥。

高科技战争哲理的意义

　　基于高科技战争研究亟待向高深层次发展的要求和趋势，这就从根本上决定了探讨高科技战争哲理的必要性和迫切性。当然，这种探讨决非那种老套式的从哲学的范畴、原理、规律出发，从概念到概念，从理论到理论，凭主观设定的前提进行逻辑推演，至多加点具体的高科技军事活动材料来加以说明与论证的做法。如果那样，也许对把握哲学的范畴、原理、规律可以起到一定的作用，但对于深化高科技战争的研究与认识，意义却不是很大。我们说的探讨高科技战争的哲理，是要求从高科技战争的实际出发，运用哲学、军事哲学的工具和方法，深入高科技战争、高科技军事领域，通过对高科技军事世界内部的一切因素进行辩证思考，从而揭示高科技战争的本质和规律，找出指导准备与实施高科技战争的根本原则和根本方法。毫无疑问，这种探讨具有十分重要的理论与实践意义。

◆科学合理地认识高科技战争

　　要使主观指导符合客观实际，正确反映战争运动的客观辩证法，就必须遵循科学的认识路线。探讨高科技战争的哲理，首要的目的即在于提出和从思想上树立正确的认识路线，学会坚持和运用这一思想路线来研究、解决高科技战争中可能遇到的各种问题。战争史告诉我们，大凡重大转折、变革时期，认识路线的正确与否起着尤为重要的作用。今天

高技术军事领域

正处于一般常规战争形态向高科技战争形态过渡、军事领域各个方面发生大跃变的时期，人们往往可能产生思想认识上的种种错位，这就使得坚持正确的思想路线成了一个新的重大课题。

我们知道，战争的一般规律只反映战争及其过程的最一般的规定性，而每次具体的战争都有它自身的特殊规律。只懂得战争的一般规律，不去进一步研究战争的特殊规律，还不能对具体战争进行具体的指导。毛泽东也这样说过："研究在各个不同历史阶段、各个不同性质、不同地域和民族的战争的指导规律，应该着眼其特点，着眼其发展。"因此，"特殊——一般—特殊"是研究和指导战争的科学认识路线。但是，人们在具体实践中往往忽略了一般与特殊的联系与区别，这就使认识难免发生偏差。有的人并没有经过把握一般的过程，而是径直由特殊到特殊。本来，研究海湾战争，把握海湾战争的经验教训，是件很有意

义的事情，但他们却把海湾战争这个特殊作为一般，照搬到更加特殊的未来作战中去。这种不从各个特殊中来把握一般，而把特殊当成了一般或把一般当成了特殊的做法，显然不可能正确认识和指导未来的具体战争。要克服这些不良倾向，纠正这些错误认识，就必须坚持由各个特殊去把握一般，再紧密结合将面对的特殊，用一般来指导特殊的思维路线。这也是每一位渴望探讨高科技战争奥秘的人必须掌握的思想方法。

另外，军事理论来源于而且也只能来源于实践，脱离战争实践去研究战争理论，必然走向从概念到概念，用原则演绎出原则，甚至用概念解释实践的毫无生命力的死路上去。研究高科技战争同样离不开研究发展着的高科技战争实践，离不开对高科技、高科技兵器这些基本知识的全面了解，离不开对历次高科技局部战争和武装冲突的深刻把握。一切关于高科技战争的观点、原则、原理，都来源于与高科技战争有关的实践活动，来源于对它们的全面、细致、深刻的学习和把握。不懂得高科技、高科技兵器，不具体了解高科技对军事的影响，只能是妄谈高科技战争；不了解高科技战争的详细情况、来龙去脉，不掌握高科技战争的战场细节、作战指挥与控制等各方面的表现，也就难以对高科技战争形成科学的认识。因此，高科技战争理论来源于高科技战争实践，同时又服务于国防建设、军队建设和未来作战的实践。这是每个研究高科技战争的人必须明晰的

毛主席

道理。为此，就要按照"实践—认识—实践"的科学途径，全面分析研究所处的具体环境和国情军情，总结其特点，分析种种优长和劣短，实事求是地找出反映实际的规律性东西，并针对敌我双方的特点做出相应的决策。

而且，端正了认识高科技战争的思想路线，可以使我们更加自觉地把合规律性与合目的性统一起来。一方面，研究高科技战争，是要揭示战争以及与之有关的军事运动的规律，尤其是高科技战争规律，为进一步认识未来高科技战争提供必要的基础。另一方面，研究高科技战争，是为了向国防建设、军队建设和未来作战提供正确的指导，达到保障国家的安全和发展的目的。如果只讲客观的一面、规律的一面，忽视主观的一面、需要的一面，就很容易使这种研究变成为研究而研究的活动。而如果只强调主观的需要与目的，无视客观的规律与条件，那么，这种研究又势必会变成纯主观的设想和一厢情愿的事情。在研究高科技战争

反坦克导弹

的过程中，上述两种倾向都出现过，这也是在以后研究中必须从思想上注意克服的地方。

◆ 提供有效的科学方法论

　　研究高科技战争必须具有适应于高科技战争特点的方法论。探索高科技战争的哲理，由于所获得的关于其本质与规律的结论具有普遍适用的性质，

未来高技术战争武器

因此不仅对于从事准备与实施高科技战争有现实指导的价值，而且对于进一步认识和研究高科技战争还具有方法论的意义。

　　方法与知识一样，都是高科技战争中不可或缺的东西。要对付拥有高科技的敌人，要打赢高科技战争，无疑必须具有关于高科技、高科技战争方面的知识和能力。任何一个希望成为真正出色的现代军事人才的人，只有努力去学习和掌握高科技战争领域的知识，弄清高科技、高科技兵器是怎么一回事，高科技战争是怎么一回事，才可能成为驾驭高科技战争的主人。这是因为，先进的军事科技装备、先进的计划手段、作战手段是由高素质的军事人员来操作的，没有先进的C3、C4系统或不懂得怎样使用这些先进的高科技装备，既无法制订计划和实施指挥与控制，也不可能充分发挥高科技武器装备的作用及其系统的整体威力。然而，同时我们也必须看到，只具备高科技战争知识远远不够，还必须掌握获取这些知识的方法，掌握构成高科技战争知识体系和解决高科技战争中各种问题的方法。在掌握高科技战争知识与能力的过程中，既应学

习高科技知识内容，又应懂得应用高科技知识、运用高科技兵器、指导高科技战争的方法以及研究认识高科技战争的方法，只有两者密切结合，才能相得益彰。

🔥 C4雷管和炸药

过去，人们往往一般只强调知识的积累，而不注重方法的学习、掌握、运用和创新。可以说，对科学军事方法的全面把握，一直是许多人的弱项。对高科技战争进行哲理思考，目的之一就是要唤醒人们对方法的注意。的确，要研究高科技战争、探讨高科技条件下的军事规律，只有熟练掌握和运用军事哲学方法，并借鉴现代各种科学方法，才能少走弯路，很快找到高科技战争过程中反复出现的、客观的、本质的和必然的联系。一方面，高科技战争以广阔的现代高新科学科技为背景，高科技战争中的许多重大问题靠以往的方法、手段和工具已难以解决，思考观察高科技战争不能只靠以往的传统方法、传统思路、传统工具，而必须借助于哲学、军事哲学和其他现代科学工具、手段。另一方面，现代作战环境和现代作战手

🔥 舰载预警机

段，即高科技战场环境和高科技战争手段，几乎是强制性地迫使我们按照现代科学方法去解决军事问题。现代军事、现代战争是建立在现代科技、现代科学之上的，高科技战争新形态的出现需要依靠高科技、高新科学科技层次的认识工具、认识方法和认识手段。因此，加强高科技战争的哲理性研究，把反映客观规律的现代思维科学和方法论的成果加以吸收和改造，充实和完善军事哲学方法与其他科学军事方法，这对开拓新的研究领域，充分发挥其方法论的功能，解决时代面临的军事新课题等来说，的确是一项极有意义的事情。

◆ 点亮创造性思维能力之灯

高科技战争引起军事思维方式的变革，同时又只有更新观念，建立新的思维方式，才能获得关于高科技战争的正确认识。高科技战争既是武器装备的高科技化，也是军队编制和作战方式方法的革命，而其中的关键是人才的培养与使用，人才的核心又是思维能力的不断提高，即必须形成开放的、创造性的思维能力。可以说，高科技应用于军事领域，几乎是强制性地要求提高军人的科学思维能力，谁在这方面走在前头，谁就有了主动权。

战争是一个充满突然性、偶然性和随机性的领域，作战双方都力图隐真示假，出其不意，斗力是一方面，更重要是还必须斗智。由高智能创造出的高科技，演变出高科技兵

智能武器

器，形成高科技战争新形态，又必然渗透到人的思维领域：C3I系统辅助决策指挥，延伸了人脑的功能，使指挥更加迅速敏捷；各种智能武器、精确武器、隐形武器的出现和运用，使战争更加难以捉摸；高科技战场情况真正达到了瞬息万变的程度，战机稍纵即逝，要求战场人员能够随着情况的改变及时制定出新决策，捕捉新战机。这种扑朔迷离、瞬息万变的高科技战争，对人的思维提出了更高的要求，要想赢得和驾驭高科技战争，就必须具备适应这一新型战争的思维能力，不能单靠过去单一顺向的思维方式。它要求人们不断拓宽思维的路子，进行多向思维、开放思维、系统思维、掌握联想思维方法、逆向思维方法、移植思维方法、归纳思维方法、综合思维方法，使思维能力达到一个新的水平。

怎样才能不断提高军人在高科技条件下的科学思维能力呢？这当然要经过多方面的努力，树立正

美军F-117A"隐型"轰炸机

美军F-117A"隐型"轰炸机

导弹发射基地

确的世界观、运用科学的方法论、加强军事实践的锻炼和经验、知识的积累等等都是不可或缺的方面。然而还要看到,能否真正从根本上提高自己的军事理论水平,切实把握高科技战争的一般本质的普遍规律,会直接影响到高科技条件下军人思维能力的基础和创造性。研究和探讨高科技战争哲理的一个重要的方面,就是要使人们对高科技战争有个宏观的、根本的、正确的理解与把握,这样才能站得高、望得远、思得深;不仅可以促使军人们积极革新封闭的、保守的思维方式,建立起具有开放性、创造性的新思维方式,而且有助于军人们充分发挥自己的聪明才智,学会自觉地、能动地在高科技战争中游泳的本领。

应该看到,尽管世界已拉开了高科技战争的序幕,但人们仍十分缺乏关于高科技兵器实战运用的经验和关于高科技战争的全面认识,如果还不彻底改变旧的思维方式,拓宽思维的领域,加快思维的节奏,提高思维的灵活性,增强思维的敏锐性,尤其是注重思维的创造性,更新军事观念,破除传统思维定势的束缚,那么不仅在高科技武器装备研制、高科技战争实践上,而且在理论思维、军事学术水平上都将可能处于落后地位。要避免和改变这种状态,甚至迎头赶上去、超过去,除了要全力发展国民经济、增强综合国力、努力开发高新科学技术外,还必须在克服强大的历史惰性、革新思维方式、不断提高军事科学水平上下功夫。也就是说,每一个时代有每一个时代的理论思维。相对于以往的战争形态,高科技战争时代具有不可替代的独特的理论思维方式。军事革新的形势迫切要求人们借助于哲学、军事哲学和对高科技战争的哲理性思考,更新观念,提高科学思维能力,力争成为未来高科技战争的真正主人。

第二章 高科技武器

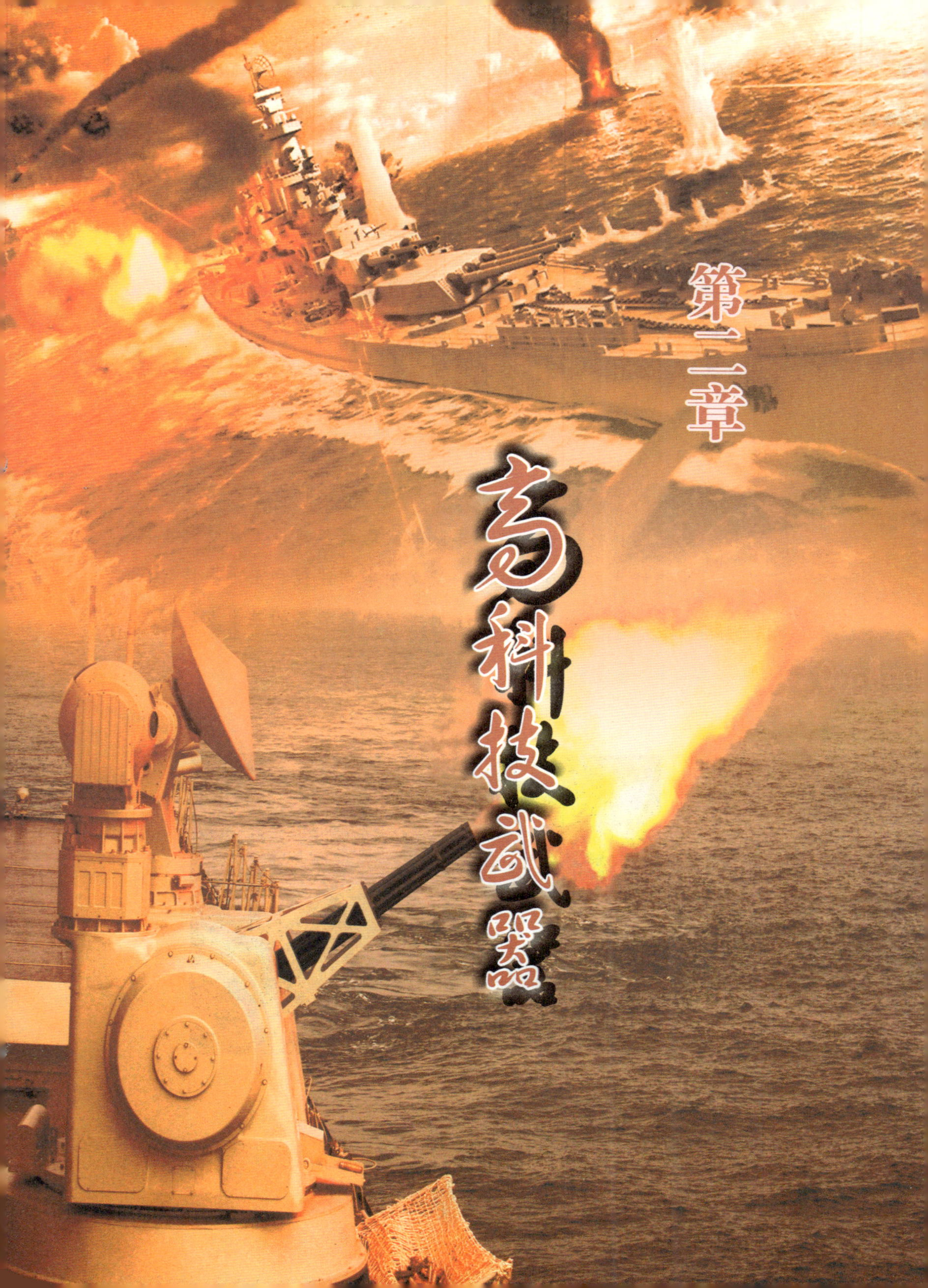

　　高科技武器，是指采用了现代高科技的常规武器装备，它的作战效能与同类常规武器相比，有质的飞跃。随着科学科技的发展，各种各样的高科技武器不断涌现。高科技武器主要包括化学武器、生物武器、气象武器、航天武器、纳米武器、核武器、电子战武器、定向速能武器、精确制导武器等。人类战争在经过冷兵器战争、热兵器战争、机械化战争三个阶段之后，正在进入信息化战争阶段。既然高科技战争条件下军队的武器装备建设更加受到重视，那么，要搞好武器装备的建设，就必须密切注视和正确把握武器装备的发展趋势。下面就从宏观上对主要武器装备的基本发展趋势进行概略的分析和介绍。

冷兵器战争

化学武器

化学武器是一种有重要军事价值的特种武器，是一种大规模的杀伤性武器。化学武器被誉为穷国的"原子弹"，因为它具有威力大、作用多样、成本低廉、不破坏物质财富等一系列优点；既能战术使用，又能战略使用；既能用于进攻作战，又能用于防御作战。近年来，随着化学武器的扩散，化学武器作为常规武器使用的可能性已经明显增加。

当前，化学武器正沿着研制新毒剂和改进毒剂使用科技的趋势向前发展。具体表现为以下四个发展特点：

（1）超毒性

长期以来美、俄等国都致力于寻找毒性更高、作用更快的新毒剂，其作用强度比现有的神经性致死剂应高一个数量级以上，某些西方专家认为应高30～300倍。如现有的有机磷神经性毒剂的毒性在毫克/千克水平，遭其袭击后，若能迅速进行防护，或许能幸免于难。而未来超毒性毒剂的毒性可达微克/千克水平，无防护人员吸入极微量的毒剂便可致死或失去战斗力。在这样的情况下，部队遭受化学武器袭击后，即便能在10秒钟之内穿戴好防护器材，真正的防护作用也将是微乎其微的。目前发现的超毒性毒剂有两大类：一是具有低分子量、高致死性的合成肽类化合物，特别是肽类神经性毒剂；二是天然毒素，如沙海葵毒素等。这两类毒剂的毒性都比现有毒剂的毒性高出100～8000倍。

（2）穿透性

这类毒剂能够穿透面具和服装渗透到皮肤中引起中毒。第二次世界大战期间德军曾研究过三氟化氯，战后美、苏和西方一些国家对此研究也十分重视。苏联在这方面的研究可能已经取得突破，美《陆军时报》曾报道过，苏联已经拥有穿透防护装备的毒剂，它可使美国现有防护装备的防护时间降低$30 \sim 50\%$。美国从1984年也把对穿透性毒剂的研究列入了化学、生物战计划。

坦克部队

目前研究发展的穿透性毒剂的候选剂有全氟异丁烯和光气肟。

（3）特殊作用机理的新毒剂

据悉，前苏联曾经秘密研究过一种新式化学武器——能摧毁部队作战能力的遗传工程毒剂。这种毒剂可以使坦克部队的士兵腹泻不止，以致无法作战；也可使步兵流泪不止，以致不能用武器射击。据报道，这种新式武器比西方的任何武器都先进得多，并且能够穿透北约部队现在使用的防护装备。

（4）二元化

二元化学武器，体内不是直接装填毒剂，而是将相对无毒或低毒的两种化学物质（两种组分），分别装在弹体内隔墙的两边或两个容器里，在弹丸飞行过程中隔墙破裂或被炸开，弹内两

炸弹

种组分靠弹丸旋转或搅拌装置混合，迅速发生化学反应（10秒左右）生成毒剂。制二元化学弹药的想法早在第二次世界大战前就已被提出。

🔥 沙林毒气榴弹

二元化学武器与弹体内直接装填毒剂的一元化学武器相比，其优点是有利于大量生产、贮存，增强了运输和使用的安全性，解决了毒剂分解变质、弹药渗漏而带来的毒剂毒性效能降低及生产、销毁过程中的一些问题。但二元化学武器也有不足之处：一是二元组分生成毒剂需要8~10秒的回应时间，这样，那些射程近的武器就不能使用；二是二元组分很难完全反应生成毒剂，其杀伤效应通常只及一元化学武器的70%~80%；三是二元组分在合成毒剂的过程中会产生强烈刺激味的副产物，易被敌方发觉，从而降低毒剂杀伤的隐蔽性。

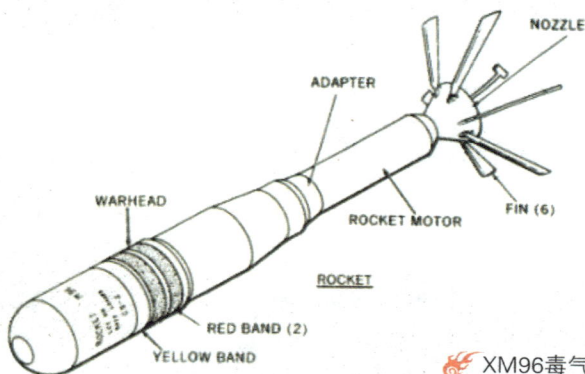

🔥 XM96毒气弹

生物武器

生物武器旧称细菌武器，是生物战剂及其施放装置的总称。生物武器的杀伤破坏作用靠的是生物战剂。生物武器的施放装置包括炮弹、航空炸弹、火箭弹、导弹弹头和航空布撒器、喷雾器等。以生物战剂杀死有生力量和毁坏植物的武器统称为生物武器。

生物武器是各种武器中杀伤面积效应最大的武器。联合国的专家们在比较了核武器、化学武器和生物武器的杀伤作用后，得出的结论是：一架战略轰炸机，使用核武器对无防护措施的居民的杀伤面积为30平方千米；使用化学武器的杀伤面积为60平方千米；而使用生物武器的杀伤面积则为数千平方千米。

近年来，由于生物工程取得了突破性的发展，生物武器的研制也有了惊人的进展，可能会有新的生物武器诞生，其中最引人注目的是基因

核武器

武器。基因武器是运用遗传工程这一新科技，用类似工程设计的办法，按人们的需要通过基因重组，在一些致病细菌或病毒中接入能对抗普通疫苗或药物的基因，或者在一些本来不会致病的微生物体内接入致病基因而制造出的新式生物武器，也称DNA武器。外国的生物家们指出：在当今世

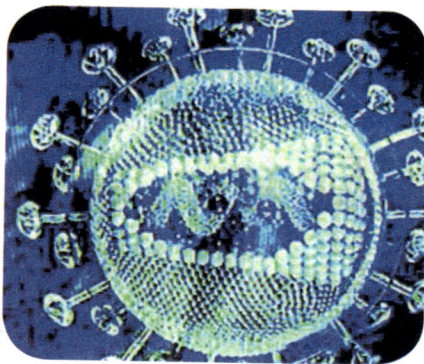

基因武器

界的现代化武器中，基因武器是一种成本最低而杀伤力最大的武器，假如将一种超级斑疹伤寒细菌的基因武器投入敌国一大水系，这种病菌即顺流而下，足可以使这里的人民失去战斗能力；加上基因武器使用方法简单多样，不易发现、难以防治等特点，更有助于从精神上打倒对方。当前，生物战剂施放的媒介已从昆虫、动物以及污染的食物和水，发展到以气溶胶为主。气溶胶是生物战剂的固体或液体微粒分散在空气中所形成的悬浮体，它无色无味，肉眼看不见，具有渗透力强、覆盖面积广和能多途径侵入人体等特点。虽然世界人民和许多生物学家极力反对基因武器的试验，但一些国家依旧我行我素，仍在积极进行这方面的试验。据透露，位于美国马里兰州的美军医学研究院已完成了一些具有实战价值的基因武器的研制。其中之一是能在普通的酿酒菌中接入一种能在中东和非洲引起可怕的裂谷热的细菌基因，从而使酿酒菌可以传播裂谷热病。另一项是在大肠杆菌中投入能使人、畜大批死亡的炭疽基因。研究者认为，这两项生物武器都已经能够直接用于战争。很明显，如果继续听任一些大国争相试验生物武器，也许有一天，在未来高科技战争爆发的同时，伴随而来的将会是一场可怕的瘟疫。

气象武器

气象武器是运用现代科技手段，人为制造地震、海啸、暴雨、山洪、雪崩、热高温、气雾等自然灾害，人工影响、控制局部地区的天气，改造战场环境，以实现军事目的的一系列武器的总称。

在科学科技高度发达的今天，人类已经掌握了一些人工控制天气的方法，既可以制造灾难性的天气，给敌方造成困难；也可以形成一定的天气条件，来保护自己，为作战行动创造便利条件。美军在侵越战争中

海 啸

潮　汐

曾试验性地运用过气象武器，比后在这一领域的研究工作一直没有停止。

目前，人们已掌握了人工降雨、人工造雾和消雾技术，且效果越来越好。人工造雹消雹；压制和诱发雷电；削弱台风威力，减少对己方的侵袭；或迫使台风转向，借助台风威力，袭击对方等人工控制天气的方法也正在试验中。人们还设想动用现代高度发达的科学技术，利用地球环境的不稳定性，通过人工爆炸、播撒催化剂或采取其他物理、化学方法等手段激发出巨大的能量，改天换地，人为地制造地震、海啸、风暴、山崩、潮汐、磁暴、酷热、冰冻；还有人设想改变河道，引爆火山，改变高层大气物理结构，使特定地区高空臭氧层"开洞"，让阳光中强烈的紫外线直射地面，以直接伤害敌区的人员和生物，等等。虽然目前的科技水平还不足以把这些设想变为现实，但是它们却预示着气象武器未来为发展方向。

目前，气象武器的发展还只是刚刚起步，个别项目发展稍快，但多数项目还处于试验、探索阶段。还有的则只是些科学设想，离实现还有相当大的距离。但随着科学科技，特别是高科技的迅速发展，人们一定会对各种天气现象有更深刻的认识和了解，并在此基础上找到控制天气的新的科技手段，气象武器也必将会活跃在未来高科技战争的舞台上。

太空武器

在未来战争中，外层空间将成为新的制高点。从当今美俄等航天军事大国的发展来看，航天兵器得到了较快发展，其作战使用也逐渐进入实战化阶段。我国航天技术虽然起步较晚，但已具世界先进水平，发展前景令人鼓舞，有能力确保我国领土和主权完整。

随着航天技术的迅速发展，世界各国都在加紧研制性能优异的空间新武器。目前，研制和设想中的空间对抗武器主要包括反卫星武器和高层反导武器，以及空间对抗武器平台、航天飞机、空间作战飞行器等。从发展来看，未来太空作战武器装备将呈现以下几个趋势：

航天飞机

（1）加紧规划空间进攻武器

天基激光器预计要等到2020年才能投入使用；动能导弹空间武器成为美国最有潜力的空间武器；激光反卫星武器的研制成功，很可能触发有能力的国家在反卫星武器上的军备竞赛；轨道战斗机也可能成为21世纪战争中美国的"杀手锏"，它发射武器后重返轨道运行并可再返回基地，执行任务的全部时间为2～4小时。无人飞行器是美国国家宇航局正在研制的一种革命性无

天基激光器

人飞行器，它可以围绕地球飞行，在接到指令后能够对空间或地球上的目标进行打击。美国陆军称这种飞行器是"弹道导弹与巡航导弹的完美结合"。由于使用了一种新的吸气喷气式发动机技术，它的飞行速度可以达到10马赫。（1马赫=1224千米/小时）

（2）重点开发特种空间武器

①信息型武器。五角大楼已经给大约9万颗自由落体炸弹安装上全球定位导航装置。

②支援型武器。美国空军空间司令部倡议实施"卫星威胁和攻击报告"计划。其重点是开发探测射频和激光威胁的相关技术。美国空军研究实验室航天器管理局正在研制卫星威胁告警系统，这种系统将被安装在军用、民用卫星上，用以探测和识别对美国及其盟国的航天器有威胁的射频和激光干扰，并将这种干扰的特征报告给地面工作站。工作站内的专家将根据信息推断这种干扰会对其通信、导航导弹告警或监视等任

卫星信号接收站

务产生什么样的影响，并预测哪些性能会降低。

（3）发展多种空间支援装备

①隐身型卫星。美国中央情报局退役的分析家汤姆指出，过去数十年间一些卫星的神秘失踪表明，美国已经开发出隐身型卫星，或者美国已经能够把卫星"储备"到难以被发现的高空轨道上，当需要时再把卫星调遣到靠近地球的地方。

②扩展空间支援装备的防卫功能。方法有四：一是卫星"加固"。美国已研制出能使卫星抵抗核辐射的技术。美军正在研究反射性表面、百叶窗、非吸收性材料等卫星加固新概念，以降低雷达反射面或使敌方雷达发生偏转。此外，在卫星中还将增加光纤器件，以提高卫星对核、高能微波和中子束等武器的抵抗能力。二是加强机动。美国一家公司还在试验一种以蒸汽为动力的卫星推进系统，以大大提高卫星的机动性。

三是装备诱饵。给卫星装备诱饵是对付反卫星的一种便宜有效的方法。诱饵平时躲在卫星内部，关键时刻便释放出来，可以模仿卫星的雷达和光学特征。四是携带"保镖"。对于价值较高的卫星系统来说，使其具备自卫能力将是一种明智的做法，比如为它们装备一套光学或雷达传感器以及小型、轻重量的导弹。

③发展微小型卫星。今后在卫星的发展种类中将出现一种微小型卫星，它在未来空间支援作战中将会发挥更大的作用。小卫星是指重量在500克以下而功能与同类型大卫星相当的卫星。构成小卫星星座是未来军用卫星的发展方向，它不仅可以提高对地面的覆盖能力，而且可以相互弥补各自的不足，充分发挥各自的优势；不仅能大大提高其作战效能，而且有利于提高系统的生存能力。近年来，微型卫星、纳米卫星甚至皮米型卫星的研究已成为航天技术研究的热点。皮米型卫星本身有一层防敌国各类侦察的涂料，并安装了"眼皮"，一旦被敌国反卫星武器盯上并发射激光，它除可以自动变轨外，还可以自动地合上"眼皮"，使敌激光武器无奈。一颗"母星"能发射数颗皮米型卫星，遍布太空织成不间断的侦察网。

卫星与空间站

纳米武器

纳米武器具有与传统武器截然不同的特点。这种武器尺寸很小，1纳米大约是10^{-9}米，这个计量单位在日常生活中很少出现，因为它太小了，一纳米也就大概等于五个原子排列起来的长度。因此，肉眼是根本看不见纳米级尺寸的物体的。研究纳米级物质（包括分子、原子、电子）在100皮米（1皮米=10^{-12}米）～100纳米空间内的运动规律和内在运动特点，并利用这些特性制造特定功能产品(包括纳米武器在内)的高新尖科技，就是现在在科技界耳熟能详的纳米科技。

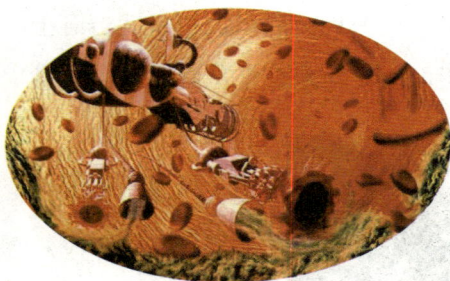

纳米武器的诞生和在未来的大量运用，必将使传统的作战样式发生根本变革，战争将由此发生巨大的转折，步入新的轨道。与传统战争相比，纳米战争有以下两个特点：

（1）战争透明度大大增加

在纳米战场上，对弱势一方而言，从太空到空中、到地面，在层层严密高效的纳米级侦察监视网下，几乎已无密可保；而强势一方却把对方的行动置于自己的眼皮底下，彻底"透明"。这将使得战争的过程和结局变得更加透明，一方面大大加强了战争的威慑性，但另一方面也将刺激各国围绕纳米技术优势展开更加激烈的争夺。

纳米武器

（2）纳米战争消耗较少

传统战争战前庞大的武器装备储备损耗是一笔不小的开支，实施战争行动的过程中更是消耗巨大，比如短短42天的海湾战争就耗资高达600多亿美元，连美国这样的超级强国都感到难以承受。而纳米战争则不同，虽然前期技术研制的投入可能是巨大的，一旦开战，消耗却极小。一方面，纳米武器所用资源较少，成本相对低廉，即使大量使用，也远远不可能有传统战争的糜费之巨；另一方面，纳米战争透明度高，战争强度将相对有限。因此，造价昂贵的庞然大物型如舰艇、飞机、坦克、火炮等，在未来可能呈锐减之势，纳米战争将成为真正的低消耗战争。

下面简单介绍几种纳米武器：

（1）麻雀卫星

美国于1995年提出了纳米卫星的概念。这种卫星比麻雀略大，重量不足10千克，各种部件全部用纳米材料制造，最先进的微机电一体化集成科技整合，具有可重组性和再生性，成本低、质量好、可靠性强。一枚小型火箭一次就可以发射数百颗纳米卫星。若在太阳同步轨道上等间隔地布置648颗功能不同的纳米卫星，就可以保证在任何时刻对地球上任何一点进行连续监视，即使少数卫星失灵，整个卫星网络的工作也不会受影响。

（2）蚊子导弹

纳米器件比半导体器件工作速度快得多，可以大大提高武器控制系统的信息传输、存储和处

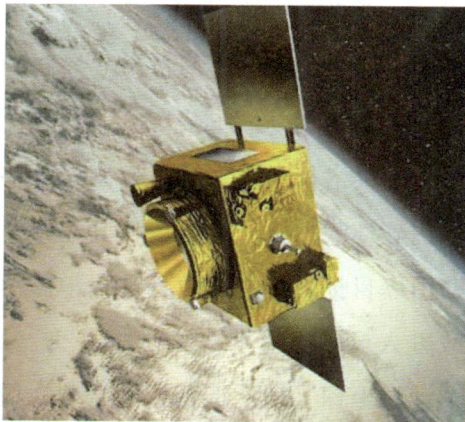

法国CNES-3微型卫星

理能力，可以制造出全新的微型导航系统，使制导武器的隐蔽性、机动性和生存能力发生质的变化。利用纳米科技制造的形如蚊子的微型导弹可以起到神奇的战斗效能，纳米导弹直接受电波遥控，可以神不知鬼不觉地潜入目标内部，其威力足以炸毁敌方火炮、坦克、飞机、指挥部和弹药库，摧毁敌控制系统的电子元件。

（3）苍蝇飞机

这是一种如同苍蝇般大小的袖珍飞行器，可携带各种探测设备，具有信息处理、导航和通信能力。可被这种飞机秘密部署到敌方信息系统和武器系统的内部或附近，监视敌方情况。这些纳米飞机可以悬停、飞行，敌方雷达根本发现不了它们。据说它还适应全天候作战，可以从数百千米外将其获得的信息传回己方导弹发射基地，直到引导导弹攻击目标。

袖珍飞机

（4）蚂蚁士兵

蚂蚁士兵是一种通过声波控制的微型机器人。这些机器人比蚂蚁还小，但具有惊人的破坏力。它们可以通过各种途径钻进敌方武器装备中，长期潜伏下来。一旦启用，这些"纳米士兵"就会各显神通：有的专门破坏敌方电子设备，使其短路、毁坏；有的充当爆破手，用特种炸药引爆目标；有的施放各种化学制剂，使敌方金属变脆、油料凝结或使敌方人员神经麻痹、失去战斗力。此外，还有被人称为"间谍草"或"沙粒坐探"的形形色色的微型战场传感器等纳米武器装备。所有这些纳米武器组配起来，就建成了一支独具一格的"微型军"。

核武器

核武器是指利用能自持进行核裂变或聚变反应释放的能量，产生爆炸作用，并具有大规模杀伤破坏效应的武器的总称。其中主要利用铀235（U-235）或钚239（239Pu）等重原子核的裂变链式反应原理制成的裂变武器，通常称为原子弹；主要利用重氢（D，氘）或超重氢（T，氚）等轻原子核的热核反应原理制成的热核武器或聚变武器，通常称为氢弹。

核武器的出现，是20世纪40年代前后科学技术取得重大发展的结果。1939年初，德国化学家O.哈恩和物理化学家F.斯特拉斯曼发表了铀原子核裂变现象的论文。几个星期内，许多国家的科学家相继验证了这一发现，并进一步提出有可能创造这种裂变反应自持进行的条件，从而开辟了利用这一新能源为人类创造财富的广阔前景。但是，同历史上许多科学技术新发现一样，核能的开发也被首先用于军事目的，即制造威力巨大的原子弹，只是其进程受到当时社会与政治条件的影响和制约。从1939年起，由

核武器

于法西斯德国扩大侵略战争，欧洲许多国家科研工作的开展日益困难。1939年9月初，丹麦物理学家N.H.D.玻尔和他的合作者J.A.惠勒从理论上阐述了核裂变反应过程，并指出能引起这一反应的最好元素是同位素铀235。然而正当这一有指导意义的研究成果发表时，英、法两国向德国宣战。1940年夏，德军占领法国。法国物理学家约里奥·居里领导的一部分科学家被迫移居国外。英国曾制订计划进行这一领域的研究，但受战争影响，人力物力短缺，后来也只能采取与美国合作的办法，派出以物理学家J.查德威克为首的科学家小组，赴美国参加由理论物理学家J.R.奥本海默领导的原子弹研制工作。

J.R.奥本海默

核武器包括氢弹、原子弹、中子弹、三相弹、反物质弹等与核反应有关系的杀伤武器。下面来简单介绍一下：

（1）氢　弹

氢弹是核武器的一种，是利用原子弹爆炸的能量点燃氢的同位素氘等轻原子核的聚变反应瞬时释放出巨大能量的核武器，又称聚变弹、热核弹、热核武器。氢弹爆炸实际上是两次核反应（重核裂变和轻核聚变），两颗核弹爆炸（原子弹和氢弹），所以氢弹的威力比原子弹要更加强大。原子弹的威力通常为几百至几万吨级TNT当量，氢弹的威力则可达至几千万吨级TNT当量。氢弹可通过设计增加或减弱其某些杀伤破坏因素，其战术性能比原子弹更好，用途也更广泛。

氢　弹

世界上最大的一次核爆炸是苏联于1961年10月30日在新地岛进行的热核氢弹爆炸，当量5000万吨（原定10000万吨），爆炸威力的半径700公里，总覆盖面积为8.26万平方千米。核爆炸后，4000千米内的飞机、导弹、雷达、通讯等设备全部受到不同程度的影响。

（2）原子弹

原子弹是核武器之一，是利用核反应的光热辐射、冲击波和感生放射性造成杀伤和破坏作用，以及造成大面积放射性污染，阻止对方军事行动以达到战略目的的大杀伤力武器。原子弹主要包括裂变武器（第一代核武，通常称为原子弹）和聚变武器（亦称为氢弹，分为两级及三级式）。也有些原子弹（如中子弹）在武器内部放入具有感生放射的轻元素，以增大辐射强度，扩大污染，或加强中子放射以杀伤敌方人员。

（3）中子弹

中子弹，亦称"加强辐射弹"，是一种在氢弹基础上发展起来的、以高能中子辐射为主要杀伤力、威力为千吨级的小型氢弹。它属于第三

中子弹

代核武器，第一二代分别为原子弹和氢弹。中子弹的中心是由一个超小型原子弹作起爆点火，周围是中子弹的炸药氘和氚的混合物，外面是用铍和铍合金做的中子反射层和弹壳，此外还带有超小型原子弹点火起爆用的中子源、电子保险控制装置、弹道控制制导仪以及弹翼等。中子弹主要利用爆炸瞬间发出的高能中子辐射来杀伤人员，特点是爆炸时核辐射效应大、穿透力强，释放的能量不高，冲击波、光辐射、热辐射和放射性污染比一般核武器小。如果广泛使用中子武器，那么战后城市也许将不会像使用原子弹、氢弹那样成为一片废墟，但人员伤亡却会更大。

（4）三相弹

三相弹也称"氢铀弹"，是一种以天然铀做外壳，放能过程为裂变-聚变-裂变三阶段的氢弹。三相弹在热核装料外包上一层铀-238外壳，发生聚变反应时，产生的高能中子使外壳的铀-238起裂变反应，释放出更多的能量。三相弹破坏力和杀伤力更大，污染也更严重，所以也称"脏弹"。

（5）反物质弹

反物质正是一般物质的对立面，而一般物质就是构成宇宙的主要部分。反物质一旦同我们世界的"正物质"接触，便会在瞬间发生爆炸，物质和反物质变为光子或介子，释放巨大能量，产生"湮灭"现象。据目前人类所知，反物质可能是世界上最有威力的能量源和爆炸性物质。

与核弹不同的是，反物质炸弹拥有氢弹爆炸的威力，但是爆炸时只产生电磁波，并不会产生核辐射，不会对生物和植物造成巨大辐射伤害，被称为"干净的氢弹"。

虽然反物质炸弹在理论上拥有巨大的湮灭性摧毁能力，但是在技术上依旧存在着一些无法超越的挑战。不过有传言说，美军秘密研的反物质炸弹即将问世，几克的反物质就足以毁灭整个地球。

电子战武器

电子战武器是能够削弱、压制、破坏或直接摧毁敌方电子设备、保障己方电子设备正常发挥效能的各种武器和技术设备的总称。电子对抗在现代战争中具有重要的地位和作用，被人们誉为是与陆地、海洋、空中并列的"第四维战场"。国外军界要人认为，"21世纪将是电子战时代，电子兵力将起主导作用"。我国也有人预测，电子战系统在未来10年各国军用装备的发展中将成为影响最大的发展项目之一。依据电子战的内容可以把电子战武器和装备分为电子侦察、电子干扰、反电子侦察和反电子干扰设备等。

◆ 电子侦察设备

电子侦察设备主要用于截获敌方的电磁信号并进行分析、识别、定位和记录，包括通信侦察系统、雷达侦察系统、雷达信号探测器等。目前发达国家正在积极研制以声、光和数字技术为基础的新型侦察接收机，如声—光喇格盒接收机、声表面波压缩式接收机、声表面波信道化接收机和数字式快速富里叶变换接收机等雷达、通信侦察器材。侦察接收系统正在向综合化方向发展，如美国洛克希德导弹与空间公司1979年底开始为美军研制的"精确定位攻击系统"就是由特殊装备的无人机、电子侦察飞机和高空侦察机组成的综合侦察系统。光电侦察设备也有了迅速的发展，目前已投入使用的有红外报警器，如美军装备的AN/

AAR-34、38、40、43
等型号，更先进的红
外报警器以及激光报
警器和射频综合报警
器均在积极研制中。

🔥 电子侦察设备

◆ 电子干扰设备

目前发达国家十
分重视发展电子战用
的高频大功率微波器
件。电子干扰设备的工作频段，将向毫米波、亚毫米波扩展。多功能、
多用途的综合电子干扰系统的发展也十分迅速。为了提高电子战系统的
灵活响应能力，电子战系统将向由计算机控制的"自适应"方向发展。
这种系统能在计算机的控制下，根据威胁信号的类型和等级，利用"功
率管理"科技，自动确定最佳干扰方式和分配干扰功率，以达同时干扰多个威胁目标的目的。"无人"电子战设备将广泛应用于高技术战争的电子斗争中，如美空军正在研制"骚扰式"遥控飞行器，这种飞行器能携带有源和无

🔥 电子干扰弹

源干扰器材，或雷达寻的头和战斗部，作战时大量使用，可以饱和压制敌方的防空雷达网。

◆ 反电子侦察与反电子干扰设备

　　反电子侦察与反电子干扰设备的工作频段将继续扩大，并已研制出能覆盖整个短波和超短波波段（2~400兆赫）的无线电台。在反电子侦察与反电子干扰设备中计算机与数字技术将被广泛采用，新体制雷达和通信设备，如低截获概率雷达、双基地和多基地雷达以及快速通信、扩频通信设备等，不久也将研制成功。新型光电系统，如激光通信、激光雷达、电视跟踪与红外、激光制导导弹等正在迅速发展，特别是光电复合系统的发展越来越受到重视。

🔥 EA-18G的电子干扰设备

定向束能武器

定向束能武器是各种高科技武器中最有发展前途的武器。它是一种可以选择破坏目标的武器，既可以作为战略武器使用，又可以作为战术武器使用。它将使有声的战争变为无声的战争，使作战方式发生重大变化。定向束能武器主要指激光束武器、粒子束武器、微波束武器、等离子体束武器等。这些武器都能够把高密度的能量射束，以光速或近似光速的极高速度，射向数千千米外的目标，将其摧毁或使其失效。

激光束武器是利用受激光辐射效应而形成强大光束的武器。它具有能量极强、准确性极高、射程远、无后座力、抗电子干扰等特点。如果把一瓦激光束射到10平方微米的面积上，在焦点上的光强度，相当于地面上太阳光强度的100万倍以上。激光束武器的射程远达5000千米以上。一旦发现目标，指哪打哪，对运动目标也无需计算提前量。

激光束武器，按照激光器

激 光

能量功率的大小可划分为小型、中型和大型三种。小型激光武器事实上已开始使用，它可使敌方战斗人员致盲、烧伤以至死亡。中型激光武器则主要作为战术武器，用来破坏敌方各

🌠 小型激光武器

种电子光学仪器以及击毁敌人低空和近距离目标。大型激光武器，也称高能激光武器、光炮或强激光武器，主要由高能激光器、精密瞄准跟踪系统以及光束控制与发射系统组成。大型激光武器是天战武器的主角，目前仍处于研制阶段。

粒子束武器就是用高能强流加速器，将粒子源产生的电子、质子或粒子加速到接近或等于光速，并用磁场聚集成密集的束流，然后射向目标，靠束流的动能和其他效应破坏目标的武器。粒子束武器由粒子源、粒子加速器和探测、瞄准、跟踪、指挥通信等设备组成。按其科技性能，一般分为大气层内使用的带电粒子束武器和外层空间使用的中性粒子束武器，前者主要用于战术防空，后者可应用于反弹道导弹和反卫星系统。粒子束武器的主要特点是：能量高度集中，束流穿透力强，脉冲发射率高，能快速改变发射方向，便于攻击各种高速运动的坚固目标，如飞机、导弹、卫星等。加之粒子束比光波具有更大的质量，依靠其特有的电磁性质，它给予目标的打击要比光波给予的打击大得多。因此，它具有许多传统武器所无法相比的独特功能。目前，粒子束武器虽然还

存在着许多科技问题，研制成功尚需一定时间，对其发展前景也存在着不同的见解，但随着科学科技的发展，这些问题最后终将得到解决。粒子束武器一旦研制成功，必将是下一代理想的战略防御性武器。

微波射束武器也称射频武器，它运用能量高度集中的微波射束，通过高强度辐射来轰击目标而取得杀伤破坏效果。它是一种比粒子束武器更先进的武器。

等离子体束，是原子在极高的温度下，分成带正电的质子和带负电的电子的状态。它既非固体、液体，也非气体，而是物质的"第四状态"。等离子体束是一种很细的超高温能量物质。它能以超高速极准确地朝一个方向射去，任何装甲和防护手段在它面前都不堪一击。微波束武器和等离子体武器目前都处于研制初期，与激光武器和离子束武器相比，距离完成武器的研制还差得很远。但它们具有极高的效率，最终将成为理想的第三代射束武器，应用于战争。

粒子束武器

精确制导武器

　　在现代武器家族中，一种新式武器正在崛起，它就是人们所关注的精确制导武器。所谓精确制导武器，是命中精度很高的制导武器（包括精确制导导弹和精确制导弹药）的总称。军事专家们通过对精确制导武器战斗效能的综合鉴定，普遍认为："它是一种能够代替战术核武器，对战争胜负具有决定性意义的新型常规武器"。美国兰德公司主任研究员迪格比把直接命中率达50％以上的制导武器称为精确制导武器，这种看法有一定的代表性和较大的影响。目前，精确制导武器的发展趋势主要可以概括为以下四个方面：

制导炸弹

（1）继续提高命中精度

这是提高精确制导武器作战效能的重要途径之一。为了提高微波雷达的制导精度，近年来，一些国家开始研制合成孔径雷达制导。这种雷达不仅具有一般微波雷达所具有的全天候能力以及作用距离远等优点，而且分辨率高，甚至可以达成目标成像。但由于成本太高，目前还不能广泛使用。此外，红外制导、激光制导、毫米波制导等比微波制导精度更高的制导系统预计将会得到更迅速的发展和更广泛的应用。

雷 达

（2）提高抗干扰能力

被动寻的制导系统本身不辐射电磁波，因而敌方较难发现自己被攻击从而采取有效防卫措施。鉴于此，未来各类被动寻的制导系统如电视、红外、微波被动寻的将被广泛使用，主动式自动寻的系统将逐渐被毫米波雷达制寻系统代替。

（3）提高精确制导武器全天候作战能力

主要方法有二：一是使武器系统化，如美国为了使"小牛"空地导弹适应在白天、黑

"小牛"式空地导弹

夜以及不良气象等各种条件下作战，研究了电视、红外成像和激光三类制导装置，根据不同的气候条件选择相应的制导装置，从而提高了全天候作战能力。二是继续完善具有全天候能力的制导技术。如研究开发合成孔径雷达制导、毫米波制导、导航星全球定位系统等新的制导技术。

（4）人工智能化

现代战争战场环境十分复杂、情况瞬息万变，精确制导武器要在极短的时间内将目标摧毁，仅仅依靠人工引导已不可能，必须使制导武器具有某种人工智能，能够区分不同的目标，并能判断和首先攻击对己方威胁最大的目标。因此，精确制导武器向人工智能化方向发展已成为大势所趋。

军事小百科

精确制导武器

精确制导武器这一术语起源于20世纪70年代中期，美国在越南战争中使用了大量精确制导炸弹。由于它具有精确的制导装置，在战场上取得了惊人的作战效果，因而引起了人们的极大注意。对精确制导武器的定义是：采用精确制导技术，直接命中概率在50%以上的武器。其分类主要包括精确制导导弹和精确制导弹药。直接命中指制导武器的圆概率误差（也叫圆公算偏差，表示符号CEP，即英文CircularErrorProbable的缩写）小于该武器弹头的杀伤半径。精确制导武器命中精度高，可有效摧毁点状目标；杀伤威力大，作战效费比高；种类型号多，作战范围广；可实施非接触打击，减少有生力量损失。但它对目标的侦察定位要求高，其电子系统易遭干扰破坏，容易受不良战场环境的影响，科技复杂，保障维护难度大。精确制导武器已成为高科技战争的主要兵器，对现代作战的战略战术、兵力兵器对比乃至战争结局都产生了至关重要的影响。

精确制导武器

第二章

高科技作战方法

恩格斯有一句至理名言："一旦科技上的进步可以用于军事目的并且已经用于军事目的，它们便立刻几乎强制地，而且往往是违反指挥官意志而引起作战方式上的改变甚至变革。"20世纪中期以来兴起的一场新科技革命，促使一大批高科技出现并很快用于军事领域，使作战方法发生了一次历史性变革，人类战争进入高科技作战领域。这些新的作战方法已使战争面貌发生了重大改观，并最终导致了新的军事革命。

恩格斯

现代高科技的飞速发展及其在军事领域里的广泛应用，极为强烈地冲击着传统的作战理念、作战方式方法和作战指挥体系。透过海湾战争以来的几场局部战争人们不难发现，现代高科技的渗透与冲击是全过程、全方位的，这也使得现代战争插上了"高科技""信息化"的翅膀。在此背景下，高科技主导下的信息化作战指挥正在悄然发生新变革。对此，世界各国兵家无不投入极大的兴趣予以研究、探索。

总之，依靠高科技作战方法，现代作战指挥完全可以全时空、全景式地观看到战场作战和后勤保障情景形，从而实时采取对话式作战指挥。这将是在新世纪军队信息化比较发达、完善的情况下正在实现的发展目标。

天 战

随着高新技术的不断发展，沉寂亿万年的太空将逐渐硝烟弥漫。各科技发达国家为争夺制天权，都纷纷亮出新研制的各型天战武器。1957年10月4日，前苏联发射了世界上第一颗人造地球卫星——"斯普特尼克"1号人造卫星，标志着人类开始跨入航天时代，同时也揭开了美苏两个超级大国外层空间争夺战的序幕。20世纪60年代以来，侦察卫星、预警卫星、通信卫星、导航卫星、测地卫星，以及军用气象卫星等各类军用航天系统陆续问世，并成为超级大国军事力量中的有机组成部分。随着军事行动对航天系统依赖性的增长和反卫星武器的不断发展，军用航天器遭受攻击的可能性越来越大。而任何破坏航天系统或使之失效的行动都会被对方视为一种战争行动。交战中，一方要摧毁另一方的军用卫星，另一方总要防御、反击，外层空间将成为新的战场并出现天战。事实上，从60年代开始，天战问题就已被提到议事日程。

1982年，美军空军中将丹尼尔·格雷厄姆提出"高边疆理论"。1983年初，美国推出"星球大战计划"。前苏联对此反应尤其强烈，1985年4月，戈尔巴乔夫在华约会议上说，"苏联不容许军事战略均势被打破，如果有人

斯普特尼克1号人造卫星

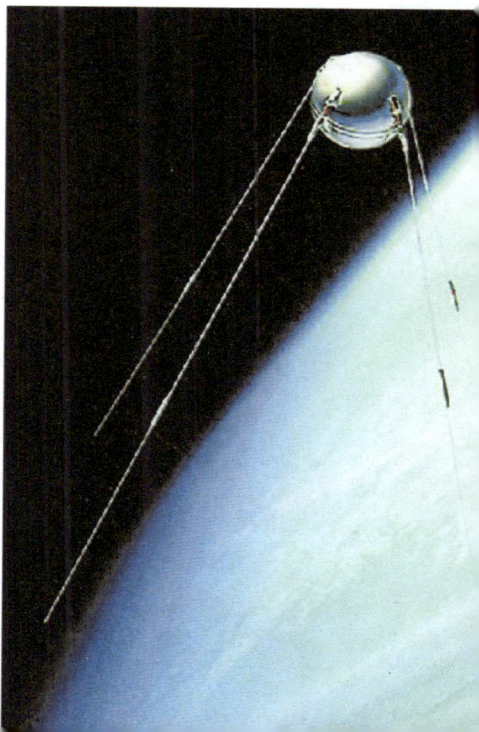

戈尔巴乔夫

继续准备星球大战，苏联应采取对应措施，包括加强和完善进攻性武器。"

1982年9月1日，美国空军宣告成立航天司令部，1985年又成立了"联合航天司令部"。1987年美地面光电深空监视（大空轨道监视）系统被综合到太空作战中心，光是负责此中心的管理者就有1800人。同期，苏联也成立了与美类似的机构。这些都标志着天军的出现。

美国人理·弗莱德曼等在《高科技战争》一书中说："地面战争的结局将取决于太空战争的结果。"美国著名战略家布热津斯基在《运筹帷幄》一书中讲到，在过去几十年中，美苏争夺又增加了一个新的领域，而且有可能是具有决定意义的领域，对陆地和海洋的控制需要依赖对太空的控制。"哪个国家控制了太空，哪个国家就可以既控制陆地，又控制海洋。控制太空的斗争是控制海洋斗争的继续。在过去的各国争夺中，哪个国家握有海上霸权，哪个国家就控制了大陆的出入口，随之控制了沿海地区，甚至最终因此而控制了大陆。同样地，在当代，对太空的军事控制正在变成争夺全球地缘政治胜利中有决定意义的潜在筹码。的确，考虑到从太空向地球目标发射核武器所具有的巨大破坏威力，对太空的最终霸权可能比以往的海上霸权具有更重大的意义。对太空的控制会很快转变为地球上的重大地缘政治利益。对掌握了太空霸权国家的政治要求，其他国家必须默从，否则就将还手乏术，自取灭亡。从本质上说，对太空的争夺不同于陆地战争而颇似海战，争夺的目的主要不是为了直接掠夺战利品，而是为了获取有决定意义的战略筹码。"布氏所言不能说没有道理。对太空的争夺不仅可以加重战略筹码，还可

通信卫星

以获取太空战的主动权。到目前为止，在太空虽没有发生独立的以太空兵器对大空兵器所进行的直接较量，但已发生了大量的间接较量，并对传统的陆、海、空战场产生了巨大的影响，大空战已初露端倪。

20世纪60年代开始，美国和前苏联一直进行反卫星、反导弹的天战模拟和实战演练。前苏联于1982年在一次大规模战略核武器演习中，首先发射了反卫星卫星，模拟摧毁敌方的军用卫星；另外还发射了两颗军用卫星去替补假定在太空战中被敌方摧毁的己方卫星；接着发射了地对地、潜对地战略核导弹，模拟对对方实施核打击；随后又发射了反弹道导弹拦截来袭的敌方报复性战略导弹。这次演习是一次综合性天战演习，与美科学幻想片《星球大战》中所描述的情景很相似。

70年代以来，各类军用卫星已经在高科技局部战争中显示出越来越重要的作用，这些卫星从侦察、监视、预警、导航、通信和气象保障等方面支援地面、海上和空中作战，成为不可缺少的作战支援力量。在第四次中东战争中，埃及和叙利亚借助于前苏联侦察卫星提供的军事情报，在战争初期掌握

导　弹

"飞鱼"导弹

了主动权；以色列则根据美国侦察卫星提供的军事情报，在埃及防御的薄弱地带突破、进逼苏伊士城下，扭转了战争初期的被动局面。在英阿马岛战争中，美国有24颗侦察卫星监视战场，不断向英军提供信息情报；前苏联有37颗卫星监视战场。据报道，阿根廷用击沉英"谢菲尔德号"驱逐舰就是得益于由前苏联海洋监视卫星提供的舰位。在海湾战争中，仅美国动用的各类卫星就有56颗，其中照相侦察卫星7颗，全天候、昼夜实施照相侦察，多国部队70％以上的战略和战术情报是由这种卫星提供的；电子侦察卫星5颗，全时段地截获伊拉克微波通信、无线电联络以及遥测信号；海洋监视卫星4颗，监视海上目标，搜集海、陆目标电子情报；民用遥感卫星2颗，用以搜集地面图像资料；国防通信卫星6颗，保障美中央总部与白宫和五角大楼，以及盟国之间每天高达70万次以上的通信；战术通信卫星2颗，为战区部队提供战术通信服务；海军通信卫星3颗，用于为陆、海、空部队提供高速数字通信保障和海军的全球军事通信保障；导弹预警卫星2颗，监视、探测伊拉克中、短程导弹动态，在伊拉克"飞毛腿"导弹发射90~120秒即能捕获目标并判明弹着区，为多国部队提供4~5分钟预警时间；数据中继卫星6颗，为低轨卫星和地面通信设备等提供数据中

"飞毛腿"导弹

继业务，进行高纬度地区通信；导航卫星16颗，昼夜24小时为多国部队的各种兵力兵器导航定位，提供敌目标坐标；国防气象支援卫星3颗，为多国部队提供气象信息。这些卫星用于实战，极大地提高了多国部队的总体作战能力，在战争保障上起

美国的侦察卫星

到了至关重要的作用。交战的另一方伊拉克，为对付美国的卫星侦察，花了几千万美元从西方国家购买卫星照片，针对照片反映的本国军事部署和设施的情况进行伪装，设置了大量假目标，增大了多国部队的轰炸难度，从而为己方保存了许多重要设施和有生力量。

在高科技局部战争中，卫星已成为作战体系的重要组成部分。从某种意义上说，太空战已经开始。以太空为主要战场、以天基兵器为主要力量、以太空格斗为主要作战形式的太空战虽然暂时不会发生，但航天器对陆、海、空战场的支援保障，弹道导弹突袭，反卫星、反弹道寻弹作战方面将有突破性进展。

军事小百科

天战武器

1. 轨道轰炸机

轨道轰炸机是天基航天器的一种，是在空间轨道运行的、装有较大当量核弹、需要时即可按指令重返大气层选择某一地面目标对其实施核

突击的先进武器。

2.部分轨道轰炸机

部分轨道轰炸机是前苏联试验的一种空间武器，它以"SS-9"导弹为基础，加上一个反推火箭和轰炸系统综合平台组成。平时它在地面待命，使用时发射进入卫星轨道运行。第二级火箭分离后，根据地面指令，反推火箭点火将其送入再入大气层的轨道。由于它再入大气层前绕地球运行不到一周，所以称为部分轨道轰炸机。

部分轨道轰炸机具有以下优点：一是可从同一发射场向多个方向攻击同一目标，使被攻击一方防不胜防；二是平时可发射到空间轨道上与其他卫星一起运行，比较隐蔽和安全，令对方难以区别；三是在空间轨道运行时处于待命状态，随时都可以按指令机动变轨，选择攻击目标比较灵活；四是它在300千米高度轨道以7.7千米／秒的速度运行，

银鸟亚轨道轰炸机

只有在重返大气层时才有可能被发现，而此时离攻击目标仅有3分钟左右时间，很难组织有效的拦截，所以增大了攻击的突然性；五是可以攻击洲际弹道导弹射程达不到的地球背面目标，且相对行程比洲际弹道导弹近，若以300千米高度的轨道运行，只需45分钟即可到达，使对方地面防御系统的预警时间大为缩短。

远　战

　　远战是指在远距离上使用远战武器和手段进行的作战，是高科技局部战争的一个突出特点和重要战法。远战的距离取决于各军兵种武器装备的作用距离和使用距离。它在具体表现形式上，不一定是攻防双方交战首先从接触线开始、然后再逐步向对方纵深发展，而可能是从对方纵深打起，再向近处延伸。军事科技的发展，自然是产生各种战法的决定性因素。

　　20世纪初，火器科技的发展，使大口径火炮可以打到对方纵深目标，但是以永备火炮、机枪工事为骨干，以纵向和横向堑壕、交通壕连接成的防线和筑垒地域，使进攻一方每前进一步都要付出巨大代价。到第一次世界大战

81-1大口径火炮

后期，即使进攻者使用飞机轰炸、坦克冲击，也往往很难冲破对方的防线，更不可能直接摧毁敌方纵深目标。

　　第一次世界大战之前，远战很少出现，即使有远战，通常对战争全局也难以起到决定性作用。第二次世界大战期间，飞机、坦克、舰船和

火炮的战术技术性能有了重大改进，特别是飞机可以高强度突击对方纵深内目标，进行深远距离的战斗；战役合围时而出现，但不经过层层剥皮式的前沿争夺，战役突破和扩张几乎不能实现。也就是说，二战时基本战法依然是以近战为主，远战尽管被以不同方式反复采用，但依然是作为对前沿作战的配合，难以对战争全局产生决定性影响。

飞鱼AM39空地导弹

第二次世界大战后，高科技的迅速发展，使得主战兵器性能发生了三大变化。一是远战兵器增多，除了飞机、大口径火炮外，还有定位射击系统、各类导弹、多用途直升机、无人驾驶飞行器、电子战器材、远距离布雷器材、远距离探测器材、远距离观察指挥与通信器材等。二是武器作战距离增大，如火炮射程在一战时期一般为6~9千米，二战时为12~17千米，目前大口径火炮已达70千米；飞机的作战半径，一战时期为30~50千米，二战时期为150~200千米，现已达600~2000千米；战役战术导弹射程从数百千米发展到数千千米。作战飞机在有加油机保障时，可连续飞行数万千米。美国的"银河"战略运输机最大航程5526千米，时速接近1000千米，一架飞机一次可载6架武装直升机或350名全副武装的士兵；直

美国的"银河"战略运输机

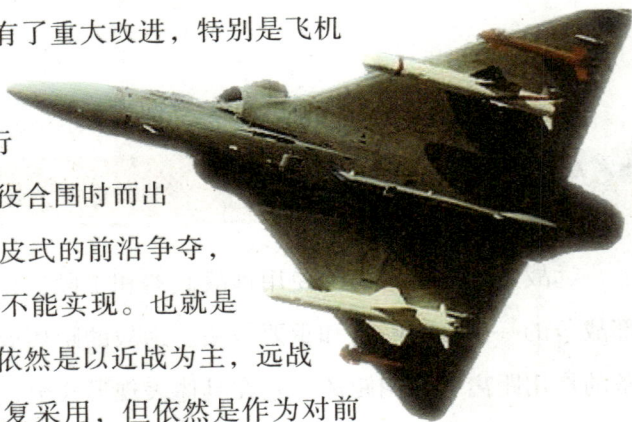

升机可迅速突然地出现在对方的
战略纵深和后方；三是武器射击
精确度和威力增大，并有作战保
障装备与之相适应。飞机和导弹
突击基本可做到指哪打哪；一枚
战术导弹可以摧毁一栋大楼，一
座桥梁，一艘军舰或一架飞机，
对人员可以造成成建制的批量杀
伤；电子战装备的使用可以使敌
战略纵深内的通信中断、指挥失
灵；深远距离的火力突击、电磁
压制与军队高速机动融为一体，
为远战提供了客观条件和坚实基
础。

81-1大口径火炮

　　远战形式的增多，给现代作
战带来了许多之前不曾有过的问
题。比如战场空间扩大，前方与后方界限模糊，作战重心向纵深位移，
纵深交战行动增多，空袭、导弹袭击、机降、伞降、特种作战等作战行
动变得很普遍；在纵深内围绕摧毁与保护指挥、通信、机场、码头、导
弹、炮兵发射阵地和后勤补给等目标的斗争异常激烈，在战略纵深内围
绕摧毁与保护政治中心、经济要害、交通枢纽、发电厂、城市工业建筑
等具有战略意义的非军事目标的斗争矛盾也非常尖锐；电子、火力、制
空权尤为重要，这些方面如果失去主动，远战就难以进行，军队行动将
处于混乱之中；纵深内的后勤目标受敌威胁加重，后勤与科技保障异常

伞降兵

困难。战场指挥异常复杂，指挥员既要关注当面敌情，又要十分注意自己纵深的安全，设法以打敌军的纵深来保护自己的纵深。指挥员很难亲自观察战场，组织纵深作战时不能用普通的方法组织实地勘察，不能在实地给部队下达作战任务和组织协同动作，换句话说，就是指挥员要经常在敌情资料不足的情况下作出判断、定下决心，组织作战行动。

远战，对于武器装备优势一方来说更为有利，既安全又可取得良好的作战效果；对武器装备劣势一方来说，则与近战相比更为不利。虽然弱者以远对远无疑是以短击长，以近对远也有很多困难。但相比而言，武器装备劣势一方更宜用近战来对付敌人的远战。靠近敌人打，楔入敌人战斗队形中打，敌远战兵器就失去了优势而弱势一方便有了胜利的机会。

夜 战

夜战是夜间进行的作战。它能有效地隐蔽行动企图，减少伤亡，出敌不意，近战歼敌，是消灭敌人的有效战法。《孙子兵法》中曾提到了"夜战"方法：公元前478年，中国吴越笠泽之战，越军主力乘夜暗，出其不意地偷袭吴军，大获全胜。到了火器时代，线膛枪和速射武器大量运用于战场，夜战开始以偷袭和强攻相结合的方法近战歼敌。第二次世界大战时期，夜战中开始大量使用坦克、飞机和火炮，规模不断扩大。而战后先进的夜视器材极大地增加了夜间的"透明度"，使得夜战更为广泛。新军事革命条件下的夜战已不是特种战法，而是一种常用战法。过去，因为没有夜视器材，夜战只是作为特殊条件下的一种作战方法。

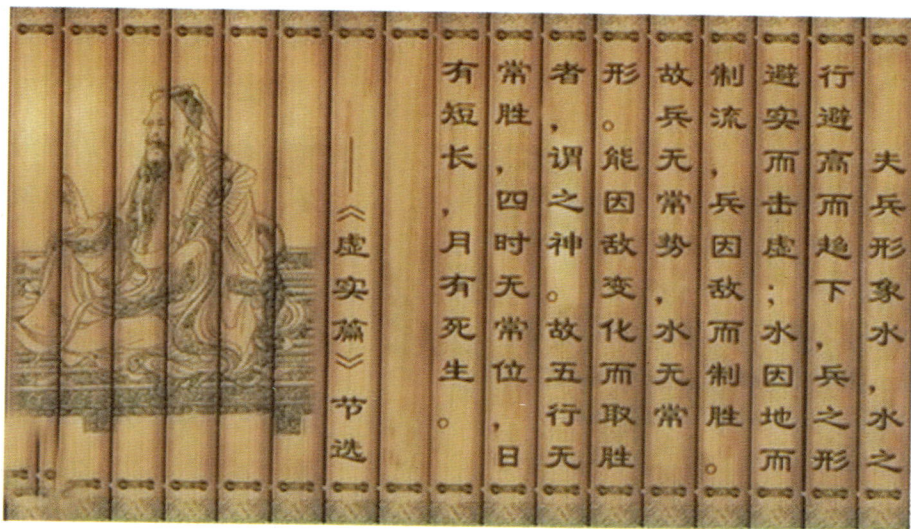

有短长，月有死生。

——《虚实篇》节选

常胜，四时无常位，日

者，谓之神。故五行无

形。能因敌变化而取胜

故兵无常势，水无常

制流，兵因敌而制胜。

避实而击虚；水因地而

行避高而趋下，兵之形

夫兵形象水，水之

《孙子兵法》

坦　克

在中国革命战争和抗美援朝战争中，许多重大战役作战行动都是昼夜连续进行，一些小的战斗也曾频繁地组织夜战作战。现代条件下，夜战几乎与白天作战一样。特别是夜视器材先进而且装备较多的国家，黑暗已不是其作战的障碍，而是可利用的有利条件，因而他们的主要作战时段都安排在夜间进行，这与过去的夜战有了很大的不同。

现代条件下，夜战更依赖先进的夜视器和电子侦察器材，昼夜作战的差距日趋缩小，与敌夜视、电子侦察器材的斗争矛盾将更趋尖锐复杂。夜战具有武器射击效果降低、观察和指挥受限、协同复杂、保障困难，但易达成战斗突然性、出奇制胜、近战歼敌的特点。夜战的历史固然很悠久，但主要是在陆地上进行。20世纪50年代初，夜视器材首次运用于抗美援朝战争，具有现代意义的夜战仍主要是在陆地进行。经过数十年的发展，夜战器材不仅装备于陆军，也逐渐装备到空军和海军。20世纪70年代以来，夜战已在陆、海、空、天多维空间内展开。

军用夜视器

夜战不仅在战术范围内进行，而且扩展到战役以至战略范围。过去的夜战，主要用于近距离的战斗（我军就通常把近战与夜战联在一起）。而在现代条件下，战

夜视仪

役行动和战略行动都可实施夜战，作战距离可达数十至数千千米。海湾战争地面作战发起后，美第24机步师利用先进的夜视器材，昼夜兼程，连续突击47个小时，行程达300多千米，抵达伊拉克幼发拉底河谷，切断了伊共和国卫队主力部队通往巴格达的退路，完成了战役合围任务。

在现代战争中夜战方法已与白天几乎一致。传统的夜战一般在白天基础上进行，夜间行动只作为白天行动的延伸。并且，夜间进攻一般不进行火力准备，而采取偷袭方式。在现代条件下，夜间作战行动几乎都与白天一样，炮火准备的时间比白天还长，打击的目标可涉及敌方全纵深。夜战行动方式可以是偷袭，但更多的是以强攻为主。

夜战条件和方法的变化，对传统夜战提出了严峻挑战。对夜视器材数量少、性能落后的军队来说，在敌大量使用先进的夜视器材的情况下，很容易形成敌人看得见我、而我看不见或看不清敌人之"单向透明"的被动局面，增大了观察敌情、组织指挥、协同配合以及射击瞄准的难度，直接影响着夜战战法的运用。但是，夜视器材也有许多固有的弱点，只要充分利用夜视器材的弱点，采取适当的措施和斗争方法，夜

视器材劣势一方也可以进行夜战。利用夜视器材观察起伏凹地、地物死角、草木丛生的复杂地形受到限制的特点，在夜间行动时选择低下、隐蔽的路线，尽量利用田坎、沟渠、树林、居民地等地形地物隐蔽行动，就是对付夜视器材的有效方法。同时，还可利用敌夜视器材视界较窄的弱点，迂回到敌方一侧进行作战。而且

🔥 乌 云

夜视器材受气候制约较大，在下雨、降雪、浓雾、强风等气候条件下，其观察效果都会降低。一台作用距离为800米的主动红外夜视仪，在风沙的夜晚只能观察到400米处的目标。同一台微光夜视仪，在星光条件下作用距离约600米，而在乌云密布、星月淹没的条件下就降为10米了。试验结果表明，微光夜视仪雨天观察效果降低20%，中等雾天降低60%，大雾天则几乎无法观察。即使是热成像夜视仪，遇有浓雾、暴雨、大雪或空气很潮湿等情况，作用距离和观察效果也会有所下降。

现阶段的夜视器材，观察到的目标图像一般呈浅绿色，有雾状感，对颜色较深、色质差异小的物体不易辨别。因此，只要经过巧妙伪装，夜视器材的观察效果就会大打折扣。在执行战斗任务时，应戴伪装帽和穿伪装服，避免眼睛、牙齿外露；携带武器、器材时，可将枪刺、圆锹等加以包装或涂料。不论是主动式还是被动式夜视器材，在强光照射下，都容易老化甚至被烧坏。突然发射照明弹、信号弹，能降低敌夜视器材的观察效果或减短其使用寿命。这就是强光干扰。此外还可以用烟幕干扰。试验表明，现有的普通烟幕和特种烟幕都能在一定程度上使主

动红外夜视仪和微光夜视仪的观察效果下降或失效。因此，夜战中应有计划地、适时地施放烟幕，以达到迷盲敌夜视器材的目的。另外，还可采取欺骗干扰，即通过设置假阵地、假目标、假热源（模拟近似真目标表面的热辐射源）等手段，迷惑敌人，分散其观察器材，造成敌指挥上的错误。

照明弹

微光夜视仪

主动式红外夜视器材，工作持续时间短。如步兵轻武器上用的夜视瞄准镜，工作持续时限为3.5小时，一般开机一次只能持续10秒钟，必须停10秒后再开机。根据这一弱点，可用红外望远镜、观察镜和火箭筒上的瞄准镜观察，发现绿色光点时立即隐蔽，光点消失后迅速前进。此外，还可运用人力手段，直接摧毁敌夜视器材，这是与敌夜视器材作斗争、保证己方隐蔽行动最积极、最有效的措施，也是开展夜战的主要方法。

在夜视装备数量少、性能较差的情况下，开展夜战时应将有限的夜视器材集中起来用于主要方向、重点地区和重要战斗时节，以在有限时间内形成与敌"对等透明"。在使用夜视器材时，应最大限度地发挥人的主观能动作用，敢于靠前配置、抵近观察，以弥补夜视器材作用距离近的缺陷。

电子战

　　电子战是指敌对双方争夺电磁频谱使用和控制权的军事斗争。现代战场就是一个巨大的电磁场，电子战贯穿于战争全过程，渗透于战场各个领域，对战争全局具有重大影响。因此，在新军事革命的战争中，电子战已成为一个至关重要的战法。

　　电子战不仅贯穿于战争实施阶段，还运用于战争准备阶段。当战场上弥漫着烽火硝烟之时，电子战序幕实际上早已拉开。在交战之前很长的一段时间里，双方就已展开了电子监听、侦察的斗争。电子战既是和平时期的国土防御的电磁屏障，也是战时克敌制胜的基础。战争实施阶段，电子战贯穿战争全时段。美空袭利比亚战争中，担负主攻任务的空军FB-111战斗机从英国起飞后，由EF-111专用电子战飞机担任全程护航；从地中海航母上起飞的舰载攻击机，在EA-6B专用电子战飞机和E-2C预警机的支援下对地面目标展开攻击。在空袭的整个过程中，由5架EF-111和4架EA-6B电子战飞机施放强烈电子干扰。攻击机与实施电子干扰、掩护的飞机的比例为4：1。电子战不仅可以形成一个独立的战场，而且已渗透到各战场领域。在海湾战争中，电子战装备构成了从太空到海（地）面，遍及整个战场各个领域

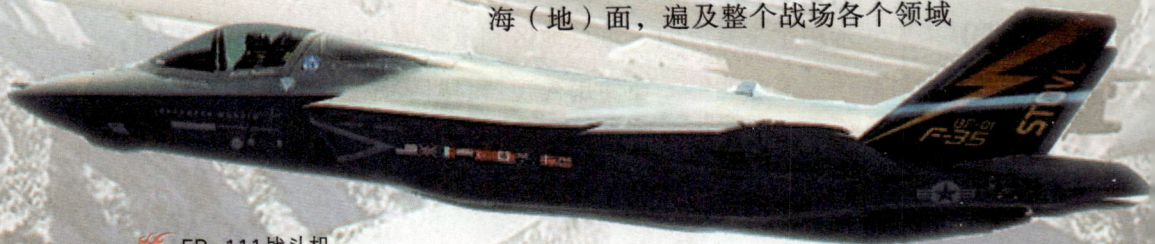

FB-111战斗机

🔥 EA-6B战斗机

的电子力量系统，从侦察、监视到预警，从通信、指挥到控制，从情报处理到作战决策，从部队作战行动到各种保障，都贯穿着激烈的电磁斗争。电子主导权直接关系着战场主动权的得失乃至战争的胜负。

电子战主要表现为电子侦察与反侦察、干扰与反干扰、摧毁与反摧毁。电子侦察是利用部署在太空、空中、地（海）面的各种侦察监视手段，对敌方雷达、通信等电子装备进行侦察监视，掌握其位置和科技参数。电子干扰包括远距支援干扰、随队和近距支援干扰、自卫干扰等，方法是用电子战飞机、电子战直升机、舰载、机载干扰系统、雷达电子战系统施放干扰箔条、红外诱饵，结合电子战伴攻等多种手段，对敌方电子信号进行全频道压制干扰，瘫痪敌C3I系统，迷盲其雷达网，中断其通信联络与指挥控制，干扰其战场监视、武器火控系统和制导雷达以及各类导弹的攻击等，使之降低或丧失作战效能，同时隐蔽己方部队的作战行动。电子摧毁是使用反辐射导弹攻击辐射源。在海湾战争中，多国部队用F-4G、F-16、EA-6B、A-6E、A-7E和F/A-18等飞机发射高速反辐射导弹，全面压制、摧毁了伊军的防空雷达体系，使伊军雷达开机数从最初的100部迅速减至15部。电子反侦察、反干扰和反摧毁（电子防御）主要是针对电子侦察、干扰和摧毁（电子进攻）而采取的针锋相对的措施。

随着电子战的发展，其斗争方式最突出的变化是将侦察、干扰、摧毁、预警等手段综合使用，电子干扰和电子摧毁相结合、各种干扰方式相结合、侦察与干扰相结合，或者侦察、干扰、摧毁紧密结合，以便最大限度地发挥电子战效能。这对于电子防御、特别是对于电子装备劣势的防御者来说，则面临着巨大困难，承受着电子战可能处于非常不利局面的压力。因此，积极研制电子对抗设备，要立足于同强敌作战，力争在未来战争中掌握制电磁权；要加强国防通信网的建设，并尽可能拥有和使用地下电缆和光纤通信等手段；加强电子对抗训练，提高无线电通信、雷达等主要电子设备的抗干扰能力；在作战中将性能较高的电子战手段集中使用于关键地区和关键作战时节，力求减少损失；合理使用并不断变化电磁频谱，经常变换电磁发射源的位置，以提高电子反侦察、反干扰和反摧毁的能力；加强对主要电磁发射源的工程防护措施，并适当控制使用；可以设置发射无线电信号和加装热源的假目标，以增强同敌电子对抗的能力。

F-16战斗机

F-18战斗机

导弹战

　　导弹战指利用空地导弹、地空导弹、空空导弹攻击目标，发动大规模袭击的战争。导弹战是新军事革命初级阶段战争的一种主要战法。1972年4月至12月，美军在越南战场上使用了2.6万枚激光和电视制导炸弹，从此揭开了导弹战的序幕。第四次中东战争中，叙利亚的萨姆-6导弹击落了以色列28架作战飞机；第五次中东战争中，以色列运用了电子战手段，仅6分钟就摧毁了叙利亚部署在贝卡谷地的19个萨姆-6导弹连和29架飞机。实践表明，导弹已成为打击空中力量的主战兵器。以色列受到阿方反坦克导弹沉重打击后，要求美国紧急空运"陶"式反坦克导弹2000枚给予支援，致使阿方损失坦克2550辆，其中也有一部分是被以方反坦克导弹击毁的。

萨姆-6导弹

1980年至1988年的两伊战争中，交战双方除了大量使用第四次中东战争中使用的战术导弹之外，伊拉克军队还使用了"蛙"式和"飞毛腿"B式等地地战役导弹，"米兰"、SS-11等反坦克导弹，"萨姆"7、6、2等型号的防空导弹，AS-11、AS-4"厨房"、AM-39"飞鱼"等空空、空地、空舰导弹；伊朗军队使用了"安塔克"、SS-12、"龙"和"陶"式等反坦克导弹，"霍克""轻剑""山猫"和"萨姆"-7等防空导弹，"标准"式、"海猫"式、"海上凶手"、"鱼叉"式等舰舰、舰空导弹，"麻雀""响尾蛇""小牛""秃鹰"等空空、空地、空舰等导弹，种类齐全，型号达数十种。打击的目标除了飞机、坦克、舰船、装甲车辆之外，还有机场、地面雷达站、港口等军事设施，但最激烈、最引人注目的则是双方用导弹袭击对方的战略要地——政治经济中心、石油设备、油（货）船、城市建筑等。在这场战争中，伊朗有40多座城市遭袭击，炸死炸伤近万人，数千幢楼房和建筑物被毁；伊拉克

舰对舰导弹

SS-12导弹

响尾蛇导弹

以巴格达为中心的20多座城市被炸，死伤数千人；伊朗的炼油中心阿巴丹、重要的霍拉姆沙赫尔石油港等设施几乎被全部炸毁，石油生产和出口比战前减少2/3；伊拉克的8个炼油中心有一半受到严重破坏，石油日产量由战前的350万桶下降到100万桶。在这次战争中，导弹战的规模之大、数量之多、时间之长都是空前的，这次战争也使导弹战进入了一个新的发展阶段。

1982年的马岛战争，是英国和阿根廷为争夺马岛（阿根廷称"马尔维纳斯群岛"）的主权而爆发的一场战争。光是英军使用的精确制导导弹就有12种型号（反舰导弹2种，防空导弹10种），空空、地空和舰空导弹击落阿军战斗机60多架，约占阿军被击落飞机总数的63%。其中美制AIM-9L"响尾蛇"空空导弹，发射27枚，命中24枚，命中率高达89%。阿军用空对舰导弹先后击沉英军的"谢菲尔德"号、"丈垂"号驱逐舰，"大西洋运送者"号运输舰，"热心"号、"羚羊"号护卫舰，令各国大为震惊。对双方激烈的导弹战，一些军事评论家称之为"第一场导弹海空大战"。阿军以20万美元的"飞鱼"导弹击沉英军价值达2亿美元的导弹驱逐舰"谢菲尔德"号，创下了一发空舰导弹的最大战绩。除此之外，英军还创造了战争史上第一次以舰载防空导弹为主组织的海空封锁。为了封锁阿本土的海军基地和重要港口及其进出航道，不让阿舰船离开基地和进入封锁区，英军组织了4层以导弹为主的防空火力：外层为远程高空防空导弹火力，控制范围为70千米；第二层为中程防空导弹火力，控制范围40千米；第三层为近程防空导弹火力和114毫米舰炮，控制范围分别为5千米和10千米；第四层为防空干扰屏幕，由舰载八联装防空干扰火箭弹发射后形成，用以干扰抵近的导弹，使之失控坠海，控制范围为2000~3000米。对此人们惊呼："现代战争已进入导弹时代。"

🔥 斯拉姆导弹

　　海湾战争，是迄今为止导弹战规模最大、使用导弹种类和型号最多、作战方式最新的一次战争。在这次战争中，多国部队使用各种新型导弹达20余种，其中"战斧"导弹、"爱国者"导弹、"斯拉姆"导弹等是首次投入实战；精确制导炸弹近十种，大多数都是首次用于实战，投下了精确制导弹药6520吨。在战术攻击方面，导弹担负了80％的突击任务，摧毁了伊拉克总统府、防空指挥部、电视中心、通信大楼、核设施、化学工厂、指挥通信中枢、机场、导弹发射基地、防御工事、桥梁和大量装甲目标。多国部队共发射"战斧"舰对地导弹288枚，命中率达

🔥 飞毛腿导弹

98％。专门用于战略目的的"爱国者"导弹，共升空拦截伊45枚来袭的"飞毛腿"导弹，摧毁其中43枚，拦截率达90％以上。这是有史以来第一次导弹拦截导弹的实例，表明导弹的战略作用在迅速上升。"导弹打导弹时代已经来临"，导弹战又进入了一个新的发展阶段。

　　随着制导科技的发展，导弹已成为现代战争中的主战兵器之一，它有着其他武器无法比拟的优越性。在突防率相同的情况下，使用地地导弹要比使用飞机攻击消耗价值低得多；假定这两者消耗的价值相同，则地地导弹突防率要比用飞机携带炸弹突防率高得多。防御性国家为在未来导弹战中取得主动，必须下大力研究导弹拦截科技，制造出新型的反弹道导弹，同时还要研制更为完善的与导弹战相配套的作战系统，包括预警系统、情报信息系统、电子战系统、指挥控制系统以及导弹发射平台。在导弹战中，应根据导弹系统对其他配套系统依赖性强的特点，采取各种措施，对敌导弹战系统进行割裂、破坏，使其不能发挥优势作用。

导弹发射

机 动 战

在现代化战争中，机动既是进行战争的先决条件，又是战争的一个基本内容。限制对方机动能力，增强自己的机动能力，已成为战争双方斗争的焦点之一。从孙武的"兵之形象水"到毛泽东的运动战，从拿破仑的"机动就是战争"到朱可夫、戴高乐的坦克机械化战争，均反映出不同时代对机动的认识和机动战的方式。在传统战争中，由于科技的限制，机动战主要是指兵力机动与反机动。但在高科技条件下，机动战的内容、方式、规模、速度等都发生了巨大变化，机动战也更加激烈。

从机动的内容上看，不仅有兵力机动，还有火力机动、软杀伤力机动等。兵力机动是传统的机动战样式，它是展开作战行动的基础。远战兵器的增多与运用，使火力机动成为一种重要的机动方式，并以其特有的优势弥补兵力机动的缺陷。兵力机动要受到自身的机动能力、对方兵力与火力的拦阻以及地形等条件的限制。特别是当自身的机械化程度低和机动保障条件差时，兵力机动将十分困难。而火力机动则不同，它可以在原地从不同方向、从数百至上千千米距离上迅速转移，给对方以毁伤。以电子战为主的软杀伤力机动在现代战争中也显示出了重要的作用。海湾战争过程中，美国对KH-11、KH-12照相侦察卫星和"长曲棍球"合成孔径雷达侦察卫星分别进行了轨道机动，进一步提高了对中东地区的侦察能力。在此期间，前苏联也将1990年7月2日发射的"宇宙"-2086侦察卫星降低了轨道高度，并以每天0.5的速度移向西机动卫星

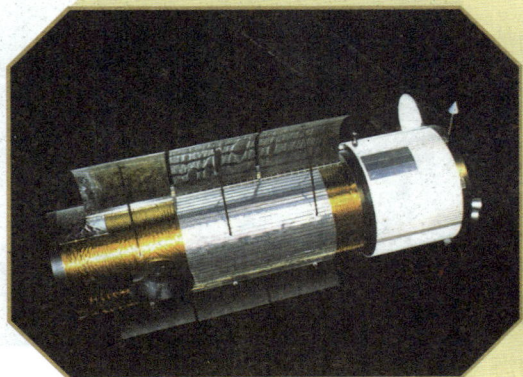
KH-12侦察卫星

气象卫星

轨道，稳定在伊科边界侦察，得到了许多海湾战争情报。另外，美国还将导弹预警卫星、2颗最新军用通信卫星机动到中东地区赤道上空，发射了气象侦察卫星和电子侦察卫星。通过机动、调整与发射，海湾战争期间，多国部队经常保持在战区上空的卫星达18颗之多，获得的情报占总情报来源的70%以上。除太空卫星机动外，地面及空中的软杀伤力也在进行着各种各样的机动。

从机动的方式和速度上看，不仅有快速的陆地机动、海上机动，而且还有高速的空中机动。随着科学科技的发展，军队的机动方式发生了一次次革命性变化，从"脚板""车轮""履带"发展到到"螺旋桨""翅膀"，使得远战中军队可以乘高速飞机跨越数万里（洲际）对敌方实施突然打击，尔后又迅速返回，充分展示了现代条件下军队机动已发展到了"飞"的阶段。

从机动的规模上看现已呈现出越来越大的趋势。一般理论认为，战争的规模有多大，投入的兵力有多少，机动的规模就有多大。但这里特指的是快速机动的规模，或主要指作战部队空中机动的规模。因为这种方式的机动规模更能说明一个军队的机动能力，也在某种程度上反映着机动战的水平。比如马岛战争中英军空运人员仅占全部作战人员的16％，而海湾战争中美军空运人员占其全部作战人员的95％。虽然战争情况不同，但这也在一定程度上反映出了机动能力的不同。

步兵战车

"沙漠盾牌"计划期间，美从本土和海外战区共向海湾地区部署55.4万人部队，作战飞机近2000架，包括6艘航母、2艘战列舰在内的各种舰艇120多艘，还向沙特运送主战坦克约2000辆和大量的步兵战车、火炮、导弹武器系统、直升机及各种作战保障物资等，总计重达770万吨。美军事运输司令部司令约翰逊上将称，海湾行动开创了美国从本土向海外战区快速部署和远程大规模机动作战成功的范例。但是，如果伊拉克积极开展反机动，或者说美国在这场战争中的对手不是伊拉克，也许就不会有这个范例。

军队机动力越强，交战双方围绕机动的斗争也越激烈。主要表现为：（1）打击（封锁）或破坏对方的机场、码头、道路和桥梁等，使敌人不能机动；（2）是摧毁对方的机动工具，特别是飞机，使敌人难以形成快速机动。海湾战争中，尽管伊拉克很少使用飞机升空作战，但多国部队依然千方百计地寻找伊军机场、机库，使伊拉克约有近2/5的飞机被毁于地面。为了躲蔽多国部队轰炸，尽量保存飞机，伊拉克不得不让部分飞机逃往其宿敌伊朗。（3）夺取战场制电磁权、制空权，使敌人机动处处受制也非常重要。制电磁权和制空权不仅会对双方交战产生重大影响，而且对机动也具有决定性作用。掌握制电磁权，使敌人上下无法联

🔥 战斗机

系，相互无法支援，在战场上只能是盲目行动；没有制空权也就没有机动的自由权。美军认为，战场上武装力量的生存，很大意义上取决于防空力量。俄军也认为，不建立和使用强大的、完全现代化的防空体系，武装部队就不能有任何有效的行动。

对于一支机动能力比较弱的军队来说，如何提高军队机动与反机动能力，是一个十分紧迫的问题。未来战场将主要在远离战略纵深的边境、海上，军队作战也将依赖于空海战略输送。为此，除应加紧研制、装备大型运输工具，特别是空中运输工具外，还要根据作战方向上的斗争形势，采取预先部署和临战机动相结合的方法，弥补机动能力不足的缺陷。临战机动时，应尽量利用不良气候和隐蔽地形实施机动；运用现代伪装科技和传统的伪装措施，尽量避开敌卫星侦察；通过兵力佯动、电子佯动，制造假情报等，诱使敌人判断失误。在对空防御力量薄弱的情况下，应统一组织机动中的对空掩护力量，重点保护机动道路上的重要地段和目标，重点保障主要作战集团、科技装备及指挥机构机动时的

🔥 桥 梁

空中安全。在反敌人机动上，应充分利用自卫战争、预设战场、人民战争等优势，特别要运用地面上反机动的传统战法，深入敌后，袭击敌人机场、舰船、导弹发射阵地。应预先设伏，并以导弹、飞机、高炮等封锁有关通道、航线、海港。对敌机动部队采取各种袭击手段，实行"内线中的外线"的机动战法，以一部兵力跳到外线去，将敌人分割包围；或诱使敌人分散兵力，对其各个歼灭。另外，还可将精兵利器集中起来，破坏敌人的整体结构，打乱敌人的机动部署，削弱敌人的机动能力。

🔥 海 港

心理战

高科技战争表明，在远战、导弹战、机动战等战法以崭新的面貌出现的同时，心理战作为一种特殊的与武力相伴的战法也日益突出。人们称心理战是现代战争的重要组成部分，是区别于陆战、海战、空战的又一种战争新样式。

心理战的范围非常广，按时态分，分为平时心理战和战时心理战；按内容分，可分为政治心理战、外交心理战、经济心理战、作战心理战、宗教心理战等。心理战与火力战相伴而行。战争越激烈、越残酷，心理战的问题就越突出。现代战争代价昂贵，一举一动都意味着要有很大的经济付出；现代战争影响巨大，牵一发而动全身。因而，用强大的心理攻势击垮对方，以最小的损失取得战争的胜利就显得非常重要。

在我国历史上刘邦的"四面楚歌"以及诸葛亮的"七擒七

诸葛亮

纵""垓下之围"等均是古代用兵心理战的成功战例。第一次世界大战之后，心理战越来越受到重视，应用逐步增多。许多国家还建立专门机构，研究心理战理论，制定心理打击的政策和方法，考察心理影响的效能，研究并改进心理战的科技器材等。20世纪50年代初，西方一些国家心理战研究异常活跃，相继成立了心理战学校、心理战研究中心、心理战协调局和最高决策机构中的心理战委员会等，并将心理战发展为专门学科。研究心理战的问题不仅有军事机关，而且还有大量政府机关、科学研究机关、私人出版公司和大学以及各行各业的专家学者。

刘 邦

在高科技战争条件下，心理战的方式多种多样，包括恐吓、威慑、欺骗、诱惑、诡诈、怀柔、收买等，心理战的途径有广播、电视、报刊、传单、书籍、实物赠送、战场喊话、战场书信等，有的国家甚至辅以发动谣言攻势，进行挑拨离间，策划暴动骚乱，从事破坏暗杀等，以动摇、瓦解对方的民心士气。为适应心理战的需要，世界上许多国家还组建专门进行心理战的部队。例如，美国专门进行心理战的指挥机关和部队约有4万人，包括一个现役心理战大队、一个民事营和三个后备心理战大队，总计约有40个心理战营。为使心理战正规化，有的国家还专门制定了《心理作战条令》或类似条令的有关规定。

从实践情况看，心理战也有不同层次，一般包括战略心理战、战役心理战（或战场心理战）、战术心理战。战略心理战由国家组织实施。

为达成长远的战略目的，平时敌对国之间就会展开政治、军事、经济、宗教文化等心理攻势，如离间对方与周边国家的关系，使对方陷于孤立；促使敌对国内各政治集团之间的分裂，支持反对派政治势力；断绝或封锁对方与国际上的经济联系，

拜马教徒

对其施加经济压力或实行不平等的贸易政策，使其国内经济形势恶化，从而激发民众对政府的不满；通过新闻媒介向对方民众进行政治宣传，损害对方的声誉；蓄意制造和散布各种谣言，以扰乱敌方人心；利用宗教、民族、人权等问题，煽动敌对国有关民族、教徒等对其当局的不满以至发生内乱；故意泄漏军事"秘密"，举行有针对性的演习，对敌方形成一定的军事压力等。

战役心理战由军队心理战部队在战役准备和战役实施过程中进行，它直接为作战行动创造有利的形势。施加心理影响的对象是当前作战地区的敌方军民，内容包括散布假军事情报；鼓动敌对国居民不服从合法政府；加强对敌反对派的支持；分化敌国军民的团结；宣称使用高性能武器装备、对方战则必败等。战术心理战是战术作战计划的一个组成部分，与人力战紧密相伴，目的是削弱或动摇敌军全体人员进行抵抗的决心，同时使当地居民不参加战争。

战术心理战在海湾战争中得到了最充分的体现。伊拉克入侵科威特不久，美军驻布莱格堡的第4心理战大队就派遣一个特别计划小组进驻麦

克迪尔空军基地的中央总部司令部，任务是为"沙漠盾牌"和"沙漠风暴"行动制定心理战支援计划。1990年8月至9月，第4心理战大队陆续部署到沙特，人数多达650人。任务包括：显示美国的决心和改善战区内美国部队的形象；协助保卫沙特阿拉伯；在沙特、科威特和伊拉克支援进攻、巩固战果和对战俘进行管理。在战争中，用MC-130、F-16、B-52等飞机以及155毫米传单投撒炮等，共投撒2900余万份传单，不断播放新闻和消息（每日长达2小时），向整个战区分发显示美决心和号召支持联军行动的录相片。为支援地面战术指挥官，还在前沿部署了66个高音喇叭小组，使用便携式、车载式或直升机载播音系统进行喊话宣传。被审问的战俘中，有98%的人看过传单，80%的人相信传单的内容，70%的人受传单的影响而变节或投降；58%的伊军士兵听过广播，46%的伊军士

B-52飞机

兵相信广播内容，其中34%的人受广播影响投降或变节。伊拉克的一位长官认为，看传单、听广播是伊拉克士兵开小差的重要原因。美军前线指挥官也认为，在支援大规模常规作战中，心理战已成为名副其实的力量倍增器。伊拉克心理战比美军开展得更早、更广泛，伊军入侵科威特前就大肆宣传科威特"蚕食"伊拉克领土，科威特超量开采石油，使伊拉克蒙受巨额损失等；入侵后鼓吹占领科威特

伊拉克士兵

的"合理性"，揭露科威特埃米尔的腐败，利用伊斯兰教教义，宣传反对外来力量干涉等。海湾危机期间，伊军针对美军参战人员心理，宣传伊拉克军民的作战决心和胜利信心，渲染战争的恐怖与残酷，及时揭露美军心理战阴谋，以"伤口"示众，助长反美声浪等。

与此同时，双方还展开了战略心理战。美国在战前向世界各国、特别是伊拉克的邻国宣传伊拉克的生物、化学武器的危害，以促使反伊联盟的迅速结成，并取得这些国家对其武力"解放"科威特的支持；诋毁伊拉克的国际形象；进行军事威慑，以求不战而屈人之兵。伊拉克则针锋相对，谴责美国对阿

伊拉克沙漠中的坦克坟墓

环境污染

拉伯事务的干预；缓和与伊朗等国的关系，区别对待西方国家，争取多数阿拉伯国家的支持；用人质、二元化学武器、环境污染、恐怖、战俘等作盾牌，对美进行恐吓，试图使美国放弃使用武力。另外，双方还在外交、宗教、经济等多条战线上开展心理战，且都取得了一定成效。

美国国防部曾在《海湾战争》报告中指出："心理战行动在瓦解敌人士气的过程中真正起到了关键作用，它促使伊拉克士兵大规模投降和开小差"，"心理战在这次战争中的运用是极为成功的。"海湾战争结束后，各国军队首脑纷纷表示，要认真总结海湾战争心理战的经验，提高心理战的地位，从战略角度研究、使用心理战。

第四章

高科技战争谋略

战争发展至今天，已进入高科技战争形态。高科技武器装备为战争指导者施谋定计提供了新的物质手段，使古老的谋略之法跃升到了一个全新的层次，得到了不断的扬弃和升华。一些谋略之法已不再适用；但更多的是在高科技战争中被创造性的运用，放出了更璀璨的光芒；还有一些新的谋略之法被高科技战争的实践不断创造出来。

高科技战争的实践证明，先谋后战，谋而后胜是普遍的真理。通过谋略，据有高科技优势的一方更能稳操胜券，减少伤亡，以最小的代价换取最大的胜利；通过谋略，处于低科技劣势的一方，也能以低科技对付高科技，甚至可以战而胜之。关键是，谁的谋略更高一筹。

高科技战争中，谋略已不再仅仅是手持羽扇的军师幕僚的专利。由于战争中军队分布的密度越来越小，小分队以至个人独立遂行任务的机会越来越多，从将军到士兵无不需要谋略，以谋制胜。目前，对军事谋略的研究方兴未艾。然而，要想取得高科技战争的胜利，就必须研究谋略在高科技战争中的运用特点，总结经验，探索规律，这样才能最终走向胜利。

防守中的谋略

　　谋略，即计谋策略，是矛盾双方（丙个以上的人或集团）最大限度地运用精神力量和物质力量实现各自预期目的效果的艺术。以长期、综合性观点来看，谋略即是"创造致胜条件而动用各自精神力量和物质力量"。精神力量是指智慧、言论、文化、传统和科学技术等；物质力量是指所掌控的具体的实物资源，如战争的核力量、军队、战备物资、财力、人力等等。谋略历来为中外军事家所重视，把它作为战争中出奇制胜之本。早在2500年前，我国古代著名军事家孙武就提出了"上兵伐谋"的名言，而被人们神化了的诸葛亮更是提出"用兵之道，先定其谋"，可见谋略对于军事战争的重要性。在现代化战争的今

孙　武

天，高科技已成为战争的主要样式。高科技武器装备既对传统谋略提出了新的挑战，也为发展传统谋略，利用新的物质和科技施谋定计创造了条件。20世纪70年代末以来的高科技战争，使谋略这一古老的奇葩绽放出了璀璨的光芒，使传统的谋略方法具有了高科技战争条件下的新特点。

游击战中的谋略

　　游击战的精髓是敌进我退，敌退我进，敌疲我打，敌逃我追。游击战是一种遵循合理选择作战地点，快速部署兵力，合理分配兵力，合理选择作战时机，战斗结束迅速撤退五项基本原则的作战方式。游击战是非正规作战，它以袭击为主要手段，具有高度的流动性、灵活性、主动性、进攻性和速决性，并能广泛动员群众投入战争。

　　游击战在中国有相当悠久的历史。公元前512年的吴楚之战中，就已经有游击性质的作战行动了。相传为黄帝风后撰写的《握奇经》认为：“游军之形，乍动乍静，避实击虚，视赢挠盛，结陈趋地，断绕四经。”对游击部队的作战行动，作了生动的描述。而在史书中记载的第一个详细使用游击战战术的人是楚汉时期汉朝的大将彭越。在中国共产党领导的革命战争中，游击战具有十分重要的地位。土

彭 越

地革命战争时期，红军根据敌强已弱的特点，依托根据地坚持游击战，保存和发展了自己；抗日战争时期，八路军、新四军深入敌后，大规模、长时期地开展游击战，抗击了60%以上的侵华日军和95%以上的伪军；解放战争时期，游击战有力地配合了正规战。长期的革命战争，使中国人民创造了许多独具特色的游击战战法，如破袭战、地雷战、游击战、伏击战、地道战、围困战等。这些灵活机动的战法，显示了中国革命游击战争的丰富多彩。

现代战争实践证明，高科技战争条件下游击战仍然大有用武之地，其作用不可低估，甚至比过去的游击战更能发挥作用。现代战争对后方的依赖越来越大，游击队可以以人少装轻、便于机动等优势深入敌后，给敌后方造成较大的破坏。如毁掉敌方的输油管道，敌前方的坦克、

输油管道

129

车辆就会瘫痪；毁掉敌方的重要桥梁、破坏其交通枢纽，敌人的武器装备、后勤供应、增援部队就无法顺利运往前方；毁掉敌人的机场，敌人的飞机就无法起飞，失去战斗作用；毁掉敌人的通讯枢纽，就破坏了敌人的前后方联络等等。所以，在适当的时机，用适当的方式使用游击队深入敌后开展游击战，在高科技战争条件下仍然十分有必要。

1973年10月6日，第四次中东战争爆发。埃军第一梯队按照预定作战计划夜晚强渡运河。埃军坦克、装甲车、大炮、地对空导弹等重型装备畅通无阻地通过浮桥，络绎不绝地向东岸驶去。半夜12点，埃军第一梯队5个师全部渡过运河，并在运河东岸集结了500多辆坦克，还建立了一个导弹防卫系统。埃及部队的攻击能

🔥 装甲车

顺利成功，除了是因为达成了战争的突然性外，还得力于游击队在敌后的有力配合。为了配合正面作战，埃军在强渡运河的同时，在敌后纵深实施了机降，大批伞兵部队和50多支特种突击队在西奈半岛着陆后，迅速袭击了敌人的指挥所和据点，破坏了敌人的交通、通信和其他重要设施。埃及军队以正军实施正面进攻，以奇兵深入敌后，破坏重要设施，迟滞增援部队，切断前线部队的退路，奇正相生，密切配合，相辅相成，终于首战得胜。

导弹战中的谋略

导弹战，是现代高科技战争的显著标志之一，其用途日益广泛。战略导弹可以越洋跨洲，击毁远隔万里的军事基地，属远程导弹。战术导弹其射程通常在1000千米以内，多属近程导弹。无论是太空高速运行的人造卫星，还是天上以数倍音速飞翔的各种战斗机，导弹都能紧紧盯着不放，将其击个粉身碎骨；无论是地上奔驰的坦克、机动的导弹发射架、成座的兵营、大型的建筑、地下的屯兵掩体，还是海上疾驶的军舰、海中隐藏的潜艇，导弹都能以小胜大，或将其就地炸飞，或将其葬入海底。导弹的精确制导、自动寻的使其命中率大大提高，即使是与它相同大小的导弹，它也能在空中将其拦截，与其在空中同归于尽。导弹有各种各样的子母弹头，射出去的母导弹可以一分数十甚至百十个子女，分别打击不同的目标，一颗子母导弹就能将一个团的坦克摧毁。所以，如何利用导弹这些先进的性能施谋设计，使其发挥更大的效能，便成为军事指挥员和谋略家们关注的课题之一。

导弹发射架

◆ 以怒致敌

1991年2月，伊拉克向以色列发射了一枚"飞毛腿"导弹。这是海湾战争开战以来伊拉克第10次向以色列发射常规弹头的"飞毛腿"导弹。到此时为止，伊拉克共向以色列发射导弹30枚，造成2人死亡，273人受伤，另有2人因心脏病突发死亡。伊拉克对以色列的轰炸得到一些阿拉伯国家、特别是一些原教旨主义者的支持，认为这"给穆斯林带来了希望"。

以色列第10次遭伊拉克轰炸后，以色列总理沙米尔表示："我们今天采取克制态度并不意味着我们明天还会这样做。"以色列国防部长阿伦斯重申："要对伊拉克进行报复"。海湾战争打响第二天，伊拉克提

"飞毛腿"导弹

出了"萨达姆战略"，该战略的第一点就是要使海湾战争转变为中东战争，即袭击以色列，诱使以色列进行报复，这样，海湾战争就很可能由于阿拉伯国家的反以情绪而演变成为"阿拉伯对以色列"的阵势，最终瓦解反伊联盟，使伊拉克摆脱不利的形势。这里，伊拉克所使用的，是以怒致敌之计，试图通过反复多次的向以色列发射导弹激怒以色列。而且从上述以色列总理及国防部长的讲话来看，以确实已为伊所激怒，准备实施报复。

但伊拉克以怒致敌之计即在将奏效之际被美国识破。美方反复

发射导弹

强调，要采取克制态度，报复手段很可能会激起阿拉伯世界的反对，并使伊拉克赢得支持，使问题复杂化，给多国部队的作战行动带来不利影响，正好中了伊拉克的计谋。以色列听从劝诫，在其后伊拉克的导弹袭击中，也都采取了克制的态度，致使伊拉克的怒致敌之计没有成功。

伊拉克用导弹袭击以色列可以说是对以怒致敌之计的创造性运用。伊拉克与以色列中间隔着沙特和约旦，以直接出兵进攻的方式去激怒以色列是不可能的，如果出动飞机轰炸以色列，飞机一出动就可能遭到多国部队飞机或导弹的拦截。而用导弹袭击以色列，一是代价小，二是当时以色列还未装备拦截导弹，把握比较大。以怒致敌，关键是要激怒对方，进而使对方丧失理智，作出错误的决策。

◆ 顺详敌意

　　1973年10月7日埃军突破"巴列夫防线"的第二天，就接到以色列将军要在8日上午实施反扑的密令。于是，他们立即确定了防御地域，在反坦克导弹发射阵地构筑了射击掩体，抢在以色列军发起反冲击前做好了战斗准备。10月8日，以色列军先是用一个装甲旅和一个装甲营，向坎塔腊转入防御的埃军阵地进行反扑，遭到了埃军猛烈打击，坦克损失了90％。接着，以色列军又用同样的兵力，向菲尔丹北面的埃军实施第二次反扑，结果又被歼灭80％。最后，以色列军把他们号称"王牌旅"的190装甲旅调来投入战斗。190装甲旅装备有120辆先进的"M-60"型坦克，驻扎在距离菲尔丹约150千米的阿里什。

反坦克导弹

　　10月8日，"王牌旅"旅长阿萨夫·亚古里接到命令破坏菲尔丹桥，阻止埃军继续向前推进的任务以后，立即向部队发出了"以每小时40至45千米的速度向菲尔丹桥目标前进"的命令。但这一进攻命令被埃

M-60型坦克

军破译了。埃军根据以色列军的动向，令第二步兵师在以色列军前进方向上布设防线，准备采取伏击的战法围歼该旅主力。师长阿布·萨德把伏击阵地选在道路两侧二三百米处，利用沙丘进行隐蔽伪装，并构筑了单兵射击掩体。担任伏击的部队只携带单兵反坦克导弹、"pITr-7"火箭筒等轻便反坦克火器，支援作战只用了30辆坦克。埃军步兵打坦克，十分重视发挥"萨格尔"式反坦克导弹的威力。"萨格尔"是苏联制造的一种有线制导的反坦克导弹，可以安装在车上载运、发射，也可以由单兵携带、操纵发射。平时可将它分为两截放在玻璃钢制的30厘米宽、60厘米长的箱子里，便于手提或背负，全重只有24千克。使用时，打开箱子，一半作为导弹的发射座，一半作为操纵台，把导弹的两截连接起来（长约1米），安装在发射座上即可操纵发射。这种导弹射程为500至3000米，破甲厚度为400毫米。埃军为了打好这次伏击战，逐个地确定了导弹射手的发射位置，还组织机关参谋人员到现场进行检查。为了诱敌上钩，埃军还令工兵在菲尔丹附近实施佯动作业，架设假桥梁，增大

"萨格尔"式反坦克导弹

交通量，造成一种假象——埃军后续部队准备大量渡河。"王牌旅"在进至以军退守的第二道防御阵地前，就与埃军第二步兵师先头部队（一个营的兵力）遭遇了。"王牌旅"先后从不同方向发起三次攻击，每次出动均为一个坦克连的兵力，但都被埃军的猛烈火力击退。以军先后有35辆坦克被击毁击伤，旅长亚古里将剩余的85辆坦克集结在第二道防线，准备再次向埃军发起

反坦克导弹

攻击。埃军第二步兵师师长阿布·萨德抓住"王牌旅"过分迷信自己精良的坦克武器孤军深入、轻敌冒进，缺乏炮兵和航空兵支援，经过远距离机动部队疲惫，三次攻击受挫指挥官急躁等弱点，令先头营撤出原阵地，以诱敌至伏击地区。亚古里不知是计，便组织指挥剩余的全部坦克高速开进。当以色列军全部进入埃军预设的伏击圈后，埃军士兵急忙操纵起各种反坦克武器，向以军发起了突然猛烈的攻击。他们采取集火齐射的战法，在同一时间、对同一目标发射3~4枚导弹，即使对近距离上的敌坦克也要发射2枚火箭弹（1枚打履带，1枚打炮塔旋转部位）。这就构成了十分密集的反坦克火力，平均每3分钟就有250余枚反坦克导弹击中以色列军坦克。埃军只用2分钟激战，就把以色列"王牌旅"全歼在中间只有一条沥青马路，其余全是沙漠的2000平方千米的地区内。旅长亚古里乘坐的坦克也被击中着火，当即被埃军士兵俘获。战斗结束后，埃军第二步兵师师长阿布·萨德被晋升为少将。

◆ 攻其不备

马岛之战中，阿根廷军"超级军旗"式飞机用"飞鱼"导弹击沉了英舰"谢菲尔德"号，使英国上下从首相到士兵都极为震惊。阿根廷军除了在战术上运用了李代桃僵的谋略外，还在战术上大胆创新，实施了攻其不备的计谋。

战前，阿根廷正从法国进口"飞鱼"导弹。战争爆发后，法国应英国的要求，停止了向阿根廷提供武器。阿根廷当时仅进口了数枚"飞鱼"导弹和几架"超级军旗"式攻击机，人员的培训尚未结束，所以短期内不可能将这些武器全部投入到战争中使用。英国认为阿根廷在科技上还不具备使用"飞鱼"导弹的条件。阿根廷原来并没有把"超级军旗"式攻击机和"飞鱼"导弹配套使用的设计思想，但阿根廷军进行了大胆的创新，在短时期内解决了用"超级军旗"式飞机发射"飞鱼"导弹的科技和战术问题，从而把"超级军旗"式飞机的先进机载电子设备、良好的超低空飞行性能同"飞鱼"导弹的高精度、大威力、飞行弹道低的特性结合了起来。由于没有先例，英军对阿根廷使用空对舰导弹并没有采取充分的防范措施（包括电子战措施），结果，阿根廷达成了

"飞鱼"导弹

"超级军旗"式攻击机

突然性。阿根廷之所以会取得胜利，主要得力于其将两种武器结合在一起，创造了新的战术科技，并以新的战术科技使英军败于不备。

出其不意，攻其无备，出自《孙子兵法·计篇》，意思是趁敌人还没有防备时进攻，以赢得胜利出。《兵镜吴子十三篇》也讲："凡战所谓奇者，攻其无备，出其不意也。"古今中外的战争实践表明，在敌人失去戒备的情况下，进行出乎意料之外的进攻，是战胜敌人的奇谋妙计，为历代军事家所重视。出其不意贵在创新。只有在战略战术上，在武器装备上大胆创新，使敌人无所防范，才能抓住战机，乘敌之隙，打敌于不备之中，战而胜之。凡是新的第一次运用的东西，敌手常常是难以预料的。所以那些在战场上出奇制胜、打敌于不备之中的英雄，不是新的战略战术或武器装备的创造者、运用者，便是以创新的方式使用新的战略战术或武器装备的人。

高科技武器装备给战场上的创新提供了良好的物质基础。有了高科技武器装备，便可在此基础上创造出敌人意想不到的新的战术，攻敌于不备之中。同时，高科技武器装备这种物质手段，也为实施攻其不备的谋略提供了机会。值得注意的是，高新科技武器装备再好再新威力再大也只是一堆死物，只有把这些死物用活，才能体现出威力。所以，人在使用高科技武器装备时，主观能动性的发挥才是创新的关键。

战 争

电子战中的谋略

现代战争是高科技战争，而电子科技是高科技的核心，兵器越先进，对电子科技的依赖程度就越大，这就从根本上奠定了电子战在现代战争中的地位和作用。电子战的发展正改变着传统的战争观念。现代战争不再仅仅是坦克、大炮、飞机、舰艇的对抗，而且是电子战能力的对抗。电子战能力已成为军力对比的重要因素，电子战的发展推动了战争理论和作战方法的发展。在人与人直接的真刀实枪的对峙与战斗发起之前，电子战就早已开始，谁在电子战中掌握了主动权，谁就在战争之始掌握了主动权。高科技条件下的战争仍多以突然袭击开始，而电子干扰与压制则是得以达成战争突然性的必要条件。电子战贯穿于战争的全过程，只有首先夺取制电磁权，才有可能取得整个战争的主动权，这已成为现代战争的普遍真理，而且已为现代高科技战争的实践所反复证明。随着电子科技的不断发展，电子战实践的不断丰富，电子战领域里的谋略也得到了长足的发展，创造了许多适用于电子战的谋略之法。

◆ 欲擒故纵

在马岛战争中，马岛守军多次遭到英机和英军舰炮的轰炸，还受到英军派到岛上的特别行动小组的袭击，但是直到战争的最后阶段，守岛驻军全部投降之前，守岛驻军最高指挥梅嫩德斯将军的司令部却从没遭到英国人的偷袭。原因是英军在电子战领域实施了一项欲擒故纵之计，

140

使其及时准确地获得了马
岛守军大量的军事情报，
使守岛驻军的一举一动皆
在英军的掌握之中。阿守
岛驻军梅嫩斯德将军的司
令部一直与阿根廷本土保
持着密切的无线电通讯联
系。这种联系虽然采取了

马岛战争中的英军士兵

严格的保密措施，但仍被英军所截获。英军截获这些无线电密码之后，
立即组织解码专家合力攻关，昼夜苦战，终于将密码破译。从此，阿方
守岛驻军与本土之间来往的无线电通讯，全被英方译出。守岛驻军的作

空袭

战部署，本土给守岛驻军的指示，通报的空军配合作战的情况，英军都了如指掌。鉴于此，英军决定实施欲擒故纵之计，故意放着守岛驻军的司令部不打，让其一直与本土保持无线电联系，让其对部属进行无线电指挥，以求时时处处掌握守岛驻军决策及军事部署情况，为尔后进攻马岛提供了极大的便利。在战争的最后阶段，英军之所以采取迫降之策，也得力于其对阿守岛驻军司令部情报的截获。当英方从梅嫩斯德司令部发往本土的电报中得知阿守军已是弹尽粮绝、饥寒交迫之时，就果断地实施了迫降之策，结果守岛驻军1.4万余人在梅嫩斯德将军的带领下全部投降。英军大获全胜。

欲擒故纵之计，目的在擒，手段为纵。纵以麻痹敌人，擒以取得战斗或战争的胜利。纵是此计的关节点，纵的是否成功，决定着擒的能否实现。纵的手段多种多样，马岛之战中英军对阿军司令部放着不打，纵其继续与本土及部属进行无线电通讯，是欲擒故纵之计在现代电子战领域中的创造性运用。

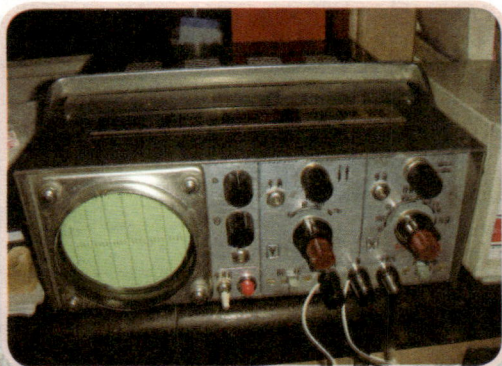

无线电通讯

这里，纵的已不仅仅是人，而是敌方的无线电通讯。当英军截获并破译了阿方的无线电通讯后，完全可以据以测知阿方司令部的位置，通过空袭或派地面特工小组行动实施擒贼擒王之计，破坏其司令部机关，但这样做的结果获得的实际利益，要远远低于纵其继续进行无线电通讯所获得的利益。所以，在现代战争中，要善于创造性地运用前人总结出的计谋，根据战争的具体条件、具体环境，活用计谋，才能出奇制胜。

◆ 瞒天过海

　　美国在1991年1月17日对伊拉克突袭前，在双方都剑拔弩张、伊拉克已有充分准备的情况下，采取长时间电子干扰的方法，欺骗对方，瞒天过海，袭伊于不意之中，可说是现代战争条件下，运用电子干扰实现谋略的成功一例。在空袭前24小时，美已对伊军的雷达、侦听和通讯系统进行了连续不断的电子干扰。美军首先使用电子发射机，用与伊拉克相同的频率发射更强的信号，干扰其雷达、通信系统。稍后，电子干扰机升空到预定空域，实施强烈的电子干扰，使伊军指挥预警系统难以正常工作。美军虽进行了长时间、大面积的电子干扰，但执行空袭任务的飞机却迟迟不予出动，这样就麻痹了伊拉克军，使伊拉克军一度紧张的神经松弛下来，产生了错觉，对情况作出了错误判断。以致于当以美国为

电子干扰机

首的多国部队的导弹和飞机突临伊拉克首都巴格达上空时，巴格达仍是一片灯火通明，遭袭40分钟后才进行灯火管制，2个小时后才做出应有的反应。战争打响的最初几小时，伊军竟没有来得及派飞机同多国部队的飞机进行空战，从而使执行第一轮轰炸任务的700多架多国部队飞机全部安全返航，无一损伤。

传统的瞒天过海之计，常常是通过频繁的调动部队来实施。如第四次中东战争中，阿拉伯借助第三次中东战争之后每年都照例举行的军事演习，向运河西岸集结兵力。白天往

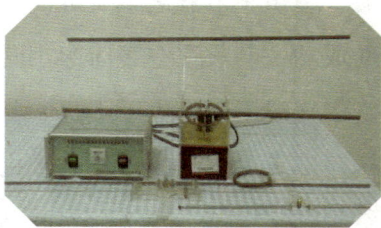
电磁波的发射与接收

西岸调动一个旅，傍晚撤回两个营，暗中留下一个营，使以色列误以为派出的部队是进行正常的演习训练，思想上丧失警惕，使阿拉伯三军顺利地进行了秘密集结。在海湾战争中，瞒天过海之计发展到了电子战领域。计谋的实施者已不再是频繁机动的部队，而是由人控制发射的各种电磁波，使瞒天过海之计具有了新的形式和内容，为运用电子战施谋定计创造了范例。

◆ 出其不意

1986年4月的黎波里时间14日晚9时，美国空军59架作战飞机分别由位于英国首都附近的拉肯希思、米尔登霍尔、福尔费德等3个基地起飞，绕过法国和西班牙，穿过直布罗陀海峡进入地中海，经4次空中加油，飞行10380千米，向利比亚实施远程奔袭。

19日凌晨零时20分，16架FB-III型飞机飞抵距利比亚海岸约500千米的地中海上空，经空中协调，绕过突尼斯阿达尔角，即以3个编队向南直

飞的黎波里。与此同时，已在地中海的舰载机A-6型攻击机6架、EA-6B电子干扰机14架、F-2C "鹰眼" 式预警机先后升空。其中，14架A-6型攻击机以两个编队飞向班加西。凌晨2时，美空海军飞机出其不意地突临利比亚上空，分两路对利比亚5个军事目标同时实施攻击。通过12分钟的空袭，投掷

🔥 直布罗陀海峡

炸弹100余吨，严重摧毁了设在巴卜阿齐齐耶兵营的行扎菲的总部，还摧毁了的黎波里和班加西的两个机场、一个港口、一个训练基地，炸毁各种飞机37架，炸死炸伤100多人，而美军只被利比亚军队的高射炮击中1架FB-111飞机，死亡2人。

美军作战飞机深入利比亚腹地，利比亚却没有发射地空导弹，只是在空袭开始时用高射炮对空射了一通。原因是美军在即将飞抵利比亚领空时，对利比亚实施了大面积、高强度、全方位的电子干扰，使利比亚所有警戒雷达、制导雷达、指挥控制中心、防空导弹以及炮瞄雷达、通信设施等受到了压制性电子干扰而处于瘫痪状态，无法工作，使利比亚军成了瞎子聋子。美军在这次空袭

🔥 美军作战飞机

中，其舰载战斗机、攻击机与实施电子干扰、掩护的飞机比例为4:1；在的黎波里上空实施攻击任务的FB-III轰炸机与实施电子干扰的EF-III型机比例为6:1；美海军装备最先进舰载"宇宙斯"电子对抗系统的舰只当时只有3艘，作战中就使用了2艘。纵观整个空袭过程，电子干扰成了美军这次空袭得以出其不意的关键一招。若没有强有力的电子干扰，利比亚防空系统就能进行及时还击，恐怕美军的损失将会更大。

《孙子·计篇》："攻其不备，出其不意"。原指出兵攻击对方意想不到而未有防备的地方，后亦指行动出乎人的意料。出其不意，是《孙子兵法》中的重要战计，也是历来兵家十分注重的计谋。毛泽东在其军事著作中多处提到胜敌要出其不意、在战略及战役战斗部署中也十分注重出其不意，打敌于不意之中。因为如能出其不意、打敌于不意之中，在大的战役中就能获得先机之利，使敌人猝不及防，打乱敌人的部署及阵脚，使己方赢得主动，为以后更大的胜利创造条件；在较小的战役或者战斗中则能一战即消灭敌人、解决战斗。所以，出其不意是军事谋略中追求的佳境之一。在高科技战争中，预警卫星、预警飞机、警戒雷达、制导雷达、炮瞄雷达、通信侦察的广泛运用，使出其不意的难度空前增大了。飞机、舰只、坦克只要一出动，就有可能被敌方发现。要想不被敌人发现，企图隐蔽作战，打敌于不意之中，运用电子干扰压制敌方的预警装置，是电子干扰能力强的一方对抗干扰能力弱的一方发起的进攻的良方。在今后的高科技战争中，进攻的一方在进攻发起之前首先对敌方实施大规模的电子干扰，以求出其不意之效，将是一种常用的谋略方法。

◆ 因敌制变

在马岛战争中，阿根廷针对美舰队没有空中预警飞机和舰上雷达低空探测能力差的弱点，第一次使用"飞鱼"导弹，取得了不错的效果。

后来，英军针对"飞鱼"导弹的弱点，加强了对导弹的电子干扰，使这种导弹的命中率大大下降。在空中预警方面，英军也采取了应急措施，将"海王"式直升机加装搜索警戒雷达，改成舰载预警直升机，从而提高了发现低空目标的能力。相比之下，阿根廷军没有针对英军的改进，进一步采取反措施，还是沿用原来的科技和战术，因此只取得了有限的战果。

"海王"式直升机

舰载预警机

夜战中的谋略

　　科学技术发展到今天，各种各样的高科技夜视器材被运用到现代化战争当中。红外夜视科技和激光夜视科技已为许多科技先进的国家所掌握。利用红外像转换科技、红外热成像科技、红外照相科技、红外固态成像科技等红外科技，将目标反射的红外线加以处理，变成可见的图像，人们制成了一件件红外夜间观察器材，用于夜间观察、瞄准和驾驶，如红外驾驶仪、枪炮红外瞄准镜、夜间观察指挥系统等。利用微光科技将夜光由像增强器加以增强而制成的各种微光夜视仪，在哪怕是夜间仅有微弱星光的情况下，也能看清数百米远处的人像，千米远处的坦克。各种各样的夜视器材广泛装备于坦克、枪炮、飞机、舰艇，甚至导弹之上，使这些武器的夜战能力大幅度提高。

飞机

高科技战争条件下的夜战，更加具有高科技战争的特点，其斗智斗法也更加激烈。

◆ **扬长击短**

英阿马岛之战，虽然最后以英国胜利而告终，但在战术运用上，英国和阿拉伯双方都有各种高招可供我们借鉴。双方空军都各有优势，又都各有短项。在具体的战斗中，双方部比较善于发扬自己的长处，利用敌方的弱点，以己之长，击彼之短。

阿根廷的优势是飞机数量多，但性能落后，没有先进的电子对抗设备；英方空军虽然飞机性能先进，但数量少。为此，阿根廷根据敌我双方的武器装备现状，采取扬长避短之计，实施小编队、多批次、多方向连续轮番突击，取得了辉煌的战果。阿根廷航空兵发挥自己在数量上的优势和本土附

飞　机

英　舰

英　舰

近作战的有利因素，相对集中空中力量，小编队多批次地轮番攻击英国舰队，使对方防不胜防。例如，仅5月21日一天阿根廷就派出3批飞机，共70余架次，其中第一批出16架飞机，从不同方向接近英舰，实施轮番突击，使英舰艇应接不暇，无法招架。结果，击沉英护卫舰1艘，重创4艘。23日至25日连续3天出动飞机约120架次，采取同样方法击沉英舰3艘，重创4艘，战绩辉煌。为了避开英舰的雷达，达成战术上的突然性，阿根廷的飞机开始是高空出航，接近战区后开始作超低空冒险飞行，往往距海面只有4～5米，有时海浪都溅到了飞机上。"天鹰"式飞机通常是满载常规炸弹，从15米高度进入目标，一直到距英舰16千米时，仍未被英舰雷达发现，从而达到了抵近投弹的目的。

英空军针对阿拉伯空军科技性能相对落后的弱点，也采取了扬长击短之计：

英护卫舰

"海鹞"式飞机

一是一机多用。为了弥补飞机数量少的弱点，英机利用科技先进的优势，始终保持了高强度的出动。"鹞"式和"海鹞"式飞机在战争中的出动率始终保持在80%以上，因飞机故障而影响出动计划的仅占1%，再次出动的准备时间只需15分钟。飞行员平均每人出动每天3～4次，一天最长飞行时间达9小时之多。为满足战场需要，常常是一种机型执行多种任务，如"海鹞"式飞机就广泛执行了空中掩护、战区巡逻、对地面和海上目标攻击、战术侦察等任务。部分改装过的"海鹞"式飞机，还可执行投放锡箔片和照明弹任务。所以，数量仅42架的"海鹞"式和"鹞"式飞机，在马岛战场上到处出现，表现出了很强的综合作战能力。

二是充分发挥飞机性能和武器装备方面的优势。"海鹞"式飞机在空战中可使喷管转向，迅速改变飞行状态，最大飞行速度为每小时1200千米，并能在极短时间内从高速转入"悬停"状态，或迅速转变，机动性能良好。阿军的"幻影"式飞机虽然最大速度可达每小时2415千米，但没有"海鹞"式飞机的那种机动性能，格斗中即使处于敌机尾后，为了使自己不冲过去，并在2000米的有利射程上发射导弹，常常不得不将时速减至600千米，所以双方实际上都在亚音速情况下空战。空战中，"幻影"失去了速度优势，"海鹞"式飞机却可充分发挥突然减速或实施急剧转变的性能，迅速转到"幻影"式飞机的尾后，并且充分发挥AIM-9L"响尾蛇"导弹精确制导的优良性能，将阿机击落。

"幻影"式飞机

扬长击短，是战争中最基本的战术原则之一，也是最基本的谋略方法之一。司马迁在《史记》中就指出："善用兵者，以长击短。"任何一支军队，即使是装备有高科技武器的现代化军队，既有自己的长处，

也必有其短处。长短并存，这是事物的辩证法决定的。就英阿空军来说，英方短处是数量少，但长处是性能好，出航率高；阿方长处是数量多，短处则是性能落后。双方空军都努力做到了扬长击短，所以，在战斗中各有胜负得失。英阿马岛之战中，双方空军力量较量中谋略的运用告诉我们，在高科技战争条件下，处于劣势的军队，只要正确运用以长击短的谋略，就有可能造成局部的优势；若整个战争中各次战斗指导都较正确，并能获胜，就能积小胜为大胜，赢得整个战争的胜利。所以，扬长击短，是以劣胜优的重要战术原则和谋略方法，应认真加以总结运用。

司马迁

◆ 以短制敌

第四次中东战争中，经过一番激烈战斗之后，叙利亚的中路军便突破了以色列军的前沿阵地，以色列军退往库奈特腊镇，固守待援。库奈特腊是阿拉伯语，意思是小桥。退守的以色列军以为叙利亚军不会采取夜战，况且以军的坦克装备有主动式红外夜视仪，以军认为叙利亚军应该不敢冒然进攻。突然一连串炮弹在镇中爆炸，顷刻之间，房倒屋塌，火光冲天，叙利亚军坦克排成横队向库奈特腊镇推进。过去很少进行夜战的叙军，打破常规，利用夜间连连进攻，出乎以军意料之外。虽然叙利亚的军队不善夜战，加之武器不如以方精良，但却也以以色列军的不意而赢得了先机之利。西方军界人士称叙军这种平推战法为"压路机式的滚碾战术"。

叙利亚军队不善夜战，武器装备也缺少夜视装置，是其短处。但也正是这短处，使以色列军对叙利亚军放松了警惕。叙利亚军正是利用以色列军的这种心理，以自己的短处赢得了先机之利。以短制敌，其短处常是自己真正的短处，而且这一短处亦为对方所熟知。一般情况下，一方所时刻警惕的是对方的长处、优势，而对其短处、劣势，则往往会掉以轻心，不加戒备或戒备不严。这样，以自己的短处去打击敌人，就能收到出其不意、攻其不备之效。因为虽然是自己的短处，但趁敌人无意之时打上一拳，也能捞到好处。这就如同两个人打架，弱小的一方即使没有强壮的一方有力，但如果弱小的一方趁对方不备猛击一拳，也能将强壮的一方击倒。

高科技战争条件下，兵力兵器处于劣势的一方要战胜对手，以短制敌之计是一条致胜良策。因为低科技武器装备、或在某一方面处于相对劣势的一方，常常会不被敌人放在眼里而不加戒备，这样就会造成弱方的可乘之隙，进而乘隙而击，战而胜之。

坦克装备

登陆战中的谋略

　　登陆作战又称两栖作战，目的是夺取敌占岛屿、海岸等重要目标，或在敌岸建立进攻出发地域，为尔后的作战行动创造条件。按作战规模分为战略、战役和战术性的登陆作战；登陆作战可按地理条件分为对开阔海岸和岛礁区的登陆作战；按航渡距离分为近距离（一般航程一昼夜，并在岸基歼击航空兵作战半径以内）和远距离（航程两昼夜以上）的登陆作战。登陆作战的兵力输送方式分为由舰到岸、由岸到岸和综合到岸等几种。

🔥 岛屿

硝烟里的战神——战争

◆ **利而诱之**

马岛之战中，英国军队在进攻达尔文港的战斗中，首先由伞兵第二营正面强攻，一时枪炮齐鸣，震耳欲聋。阿拉伯立即调兵遣将，把主力调来与英军伞兵第二营对峙，以防其向纵深发展。一番激烈战斗后，英军装作败退撤离。阿拉伯军乘胜追击，跳出既设阵地，向英军猛追过去。英国军队趁阿拉伯后方空虚之际，立即以一部分兵力沿海岸直插阿军后方，在乘舟艇和直升机登陆的其他分队的配合下，迅速夺占古斯格林机场，切断了达尔文港阿军的退路和后方补给。经过14小时的战斗，迫使阿拉伯军全部投降。英军用小股部队的假败撤退作为诱饵，引诱贪利的阿拉伯军出来追击，脱离了既设阵地。英军为此达成了战斗目的。

直升机

◆ **避实击虚**

英阿马岛之战中，英军在实施一系列佯动的同时，还采取了避实击虚的谋略，从而先易后难，各个击破阿根廷军队，最后迫敌投降。马岛被福克兰海峡分隔为东、西两大主岛。在英特混舰队主力进入马岛附近水域时，阿根廷军队紧急运至该岛的地面部队已达13000余人。其部署是：西岛约2000人，分别防守福克斯湾、霍华德港和佩布耳岛等地；东岛约11000人，大部配置在马岛首府斯坦利港及其外围阵地，少部兵力分别防守达尔文港、古斯格林以及圣卡洛斯、道格拉斯、蒂尔和菲茨罗伊等沿海要地。阿根廷军队防御的指导思想是以主要兵力重点坚守斯坦利港，其他各点根据需要随时机动兵力予以支援。英军投入的首批登陆部队约5000人，其中工程、通讯和后勤保障人员占了将近一半，战斗部队不足3000人。在这种情况下，如果英军在阿拉伯有重兵防守的斯坦利港登陆，并由此向纵深发展进攻，即使登陆成功，也势必要在正面打硬仗、拼消耗，在侧后还要不断招架阿拉伯军的袭击和攻击，其处境将十分被动。

因此，英军的登陆和地面作战计划采取避开阿军强点，首先对其全岛的防御部署实施战役分割，再从侧后依次攻占各个要地，最后夺取斯坦利港的谋略。根据这一计划，英军在登陆前，以部分舰只驶进福克兰海峡，实施海上封锁，随之在海峡北部圣卡洛斯登陆，完成对东西两岛的分割。其突击部队在圣卡洛斯建立稳固的滩头阵地后，即分兵两路在东岛展开陆上进攻：北路沿海岸逐个夺占道格拉斯和蒂尔等要地；南路直到达尔文港和古斯格林，并沿什瓦泽尔海峡东进，将东岛又分割成南北两个部分。然后南北两路互相呼应，逐步缩小包围圈，形成对斯坦利港的合击态势。英军的战法虽然使陆上战役时间持续了长达24天，增大了后勤补给的负担，但为集中兵力，各个击破阿拉伯军的抵抗，以及最后攻克斯坦利港创造了十分有利的条件。同时，由于采取了稳扎稳打的策略，大大减少了部队的伤亡。在英军将东西两岛分

福克兰群岛

割，并集中兵力在东岛展开进攻的过程中，西岛阿军消极避战，未采取任何措施与东岛恢复联系，对其实施支援，以致最后全部投降。由此可以看出，英军的避实击虚谋略运用得相当成功。

军事小百科

"避实击虚"

避实击虚之计，出自《孙子兵法·虚实篇》："夫兵形象水，水之形，避高而趋下；兵之形，避实而击虚。"意思是说，用兵的规律如同水一样，水流动的规律是避开高处流向低处，用兵的法则则是避开敌人防守坚实严密之处，攻击其虚弱松懈的部位。《淮南子·要略训》也说："避实就虚，若驱群羊。"意思是说，只要避开防守坚实的地方，打击虚弱的部位，就象驱赶群羊一样容易。这话不免有些夸张，但也说明了避实击虚之计的重要。著名军事家孙膑提出的"批亢捣虚"，也是避实击虚的意思。

避实击虚之计，常常用于敌强我弱，敌众我寡，或敌我军力相当的情况下。在这种情况下，若不避实击虚，而是以己较弱的力量，击彼强大的主力，就无异于以卵击石，自取失败。若是双方力量旗鼓相当，硬打起来也只能是拼消耗，两败俱伤，自己不会占什么便宜。而若以己较弱的力量，避开敌人强大的主力，专拣其薄弱部分打，则打掉一部分，敌人的实力就减少一部分，通过这样敲牛皮糖式的战术行动，一口一口将敌人吃掉，使敌人的实力慢慢减弱，最后将其歼灭。

高科技战争条件下，避实击虚之计仍然大有用处，只不过由于高科技武器装备的作用越来越明显，在选择作战目标，确定进攻路线和主攻方向时，对敌之

雷 达

虚实的估价，除了要考虑兵员的数质量外，还要充分考虑敌方的武器装备情况。有时，敌人兵力部署少的地方，由于使用的是威力巨大的高科技兵器，可能正是实力强大的地方；而兵力多的地方，由于使用的是普通兵器，威力一般，则可能是弱的地方。在对敌之虚实有正确认识的同时，还要对敌之虚实部位作出正确的判断。战争就如同下军棋一样，双方将子竖起，都力图隐真示假，不让对方摸着己方的虚实情况。这就需要动用己方的一切高科技侦察手段，摸清敌人的虚实，为定下决心提供准确的情报。马岛战争中，英国之所以能把对阿根廷的兵力部署摸得一清二楚，是因为充分利用了卫星侦察、航空侦察，并派出特种部队带上小型电台实施了地面侦察。在高科技战争条件下，由于部队的机动能力、快速反应能力空前提高，一支庞大的军队今日还在甲地，明日甚至几小时之后就已机动了相隔千百里之遥的乙地。所以，战场上敌人虚实的部位是经常变化的，对此也必须要有充分的估计，及时确定应变之策。

硝烟里的战神——战争

◆ 形人而我无形

英阿马岛战争中，英国地面部队在登陆阶段，为了保证登陆的顺利进行，便使海军示形于敌，进行一系列的佯动，以吸引阿根廷部队的注意力，使地面部队登陆得以成功。在实施登陆前，英海军特混编队很快调整了海上编队部署，故意把主力调到斯坦利港东侧的海面上大摇大摆地游曳，一艘艘军舰来来往往，似是在侦察向斯坦利斯港进攻的途径；舰上人员擦拭武器，不停地摆弄着炮架和导弹架，励兵秣马，造成了英军要从斯坦利港登

导弹架

陆的假象。在英登陆舰船向圣卡洛斯港进发时，两艘航母又从斯坦利港的东侧向马岛南部机动。巨大的航母如同两座小山在海上航行，很快被阿根廷侦察机发现。接着，英军舰炮又在两天时间内集中对马岛南部的古斯格林和福克斯湾等地进行轰击，炮弹把古斯格林和福克斯湾沿岸的地表掀去了一层，阿根廷军的防御工事受到了很大的破坏。这样，英海军成功地把阿根廷军的注意力吸引到了马岛南部。与此同时，英军还派出突击队员在达尔文港、路易斯港和狐狸湾上陆，发动牵制性攻击。这些突击队员带着夜视器材和电台，上岸后神出鬼没，不分白天黑夜到处骚扰阿根廷军，故意架设起电台与附近的军舰进行联络。这一系列的佯

动措施迷惑了阿根廷军，隐蔽了英军的主要登陆地段和企图。致使阿根廷军防不胜防，不知道英军登陆的主战场到底在何处。成功地掩护了突击部队在圣卡洛斯港抢滩上陆。5月21日，英军以40艘艇船输送5000余人在圣卡洛斯登陆，由于阿根廷事先摸不清英军的真实登陆地点，没有预作充分的准备，致使英军没有遇到有效的抵抗，仅用4个小时便抢占了25平方千米的滩头阵地，顺利地登上了圣卡洛斯港。

电 台

英军之所以能登陆成功，是因为实施了形人而我无形的谋略，进行了一系列的示形用佯。佯动欺敌之计为古代兵家所常用。《孙子兵法·计篇》中即有："用而示之不用"之语，《虚实篇》中又说："故形人而我无形，则我专而敌分；我专为一，敌分为十，是以十攻其一也，则我众而敌寡；能以众击寡者，则吾之所与战者约矣。"上述意思是说，我方将要于某处用兵，却要故意显示出其意不在某处。用示形的办法欺骗敌人，使敌人不知虚实，捉摸不定，而我则可以集中兵力进攻敌人。《百战奇法·形战》也云："凡与敌战，若彼众多，则设虚形以分其势，彼不敢不分兵以备战。敌势既分，其兵必寡；我专为一，其卒自众。以众击寡，无有不胜。"

古往今来的所有战争的作战双方无不尽力隐蔽自己的企图，摸清敌方的军情，以根据敌情因敌而变，施谋定计，采取行动。在高科技战争条件下，侦察手段日益现代化，己方及盟友的海上的侦察船、天上的侦察飞机、太空中的侦察卫星能将敌方的各种军情侦察得一清二楚，似乎作战双方都已无密可保。然而，任何高科技武器装备都有局限性，只要伪装的巧妙，欺骗的方法高明，仍能隐蔽自己的行动企图。英军之所以能较为顺利的按预定作战计划登陆，就在于他们针对现代化的侦察手段日益先进的特点，多处用佯，八方出击，使阿方防不胜防，即使侦知了英方部队的行动情况，也难以判定何处是登陆的主战场，难以形成有力的拳头，集中力量对付登陆的主力部队。

🔥 侦察船

第五章

军事小词典

当前高新科技正在以前所未有的广度和深度向战争诸要素渗透，极大地改变了现代战争的物质基础和战争的科技构成，使战争的能量大大增强。现代战争中高科技武器装备已成为夺取战争的主动权和战争胜利的重要因素，主要表现在以下四个方面：一是武器装备的质量水平越来越成为决定战争胜负的重要因素；二是精确制导武器成为战争的基本火力手段；三是电子战武器装备在战争中的作用越来越突出；四是指挥自动化

制导炸弹

系统成为战争的"神经中枢"。实践证明，一个国家如果不随着经济的发展和科技的进步而努力增强国防实力，提高军队素质和武器装备水平，一旦战争爆发，就可能陷入被动挨打的地步，使国家利益、民族尊严和国际威望受到极大的损害。为了增强我军打赢高科技局部战争的物质基础，切实提高我军的威慑能力和实战能力，我军必须以强烈的紧迫感和责任感，千方百计地提高武器装备水平。本章就来简单介绍一下高科技领域中的卫星、导弹、雷达、战舰、制导炸弹和引信等武器装备。

卫 星

◆ 预警卫星

  预警卫星是为实现预警目的，监视和发现敌方弹道导弹而发射的侦察卫星，又称导弹预警卫星。预警卫星往往兼有探测核爆炸的任务。它通常运行在地球静止卫星轨道或周期约12小

预警卫星

时的大椭圆轨道上。一般由几颗卫星预警组成预警网，覆盖范围很大。预警卫星上装有红外探测器和电视摄像机。当遇有地面或水下发射弹道导弹时，具有高灵敏度的红外探测器可探测到导弹主动段飞行期间发动机尾焰的红外辐射，并发出警报。预警卫星是现代战争中一种重要的防御手段。

◆ 导航卫星

  导航卫星是为地面、海洋、空中和空间用户提供导航定位的人造地球卫星，它装有专用的无线电导航设备。由数颗导航卫星构成的导航卫

星网，具有全球和近地空间的立体覆盖能力。因此，导航卫星能实现全球无线电导航，并具有卫星测地功能。自1960年4月美国发射世界上第一颗导航卫星"子午仪"以来，美国、俄罗斯共已发射数十颗各种类型的导航卫星，主要有"子午仪"号导航卫星系列、导航卫星全球定位系统、交通管制卫星、搜索营救卫星和"宇宙"号导航卫星等。

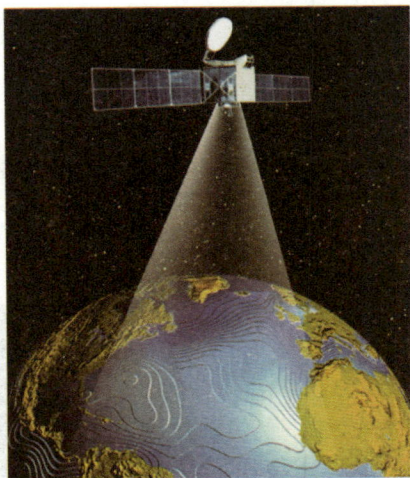

导航卫星

军事小百科

"子午仪"号导航卫星

"子午仪"号导航卫星

"子午仪"号导航卫星又称海军导航卫星系统，其主要功能是为核潜艇和各类海面舰船等提供高精度断续的二维定位，用于海上石油勘探和海洋调查定位、陆地用户定位和大地测量（测定极移、地球形状和重力场）等。从1960年4月到20世纪80年代初共发射了30多颗"子午仪"号导航卫星。第一颗是子午仪1B号，用来对导航卫星方案及其关键科技进行试验鉴定，并验证双频多普勒测速定位导航原理，结果证明卫星导航可行。1963年12月发射第一颗实用导航卫星子午仪5B-2号；1964年6月发射第一颗定型导航卫星子午仪5C-1号，并交付海军使用；1967年7月子午仪号导航卫星组网实用并允许民用；1972年开始执行子午仪改进计划，共发射3颗卫星，主要试验扰动补偿系统，对大气阻力和太阳辐射压力等引起的轨道摄动作实时补偿，大大提高了轨道预报精度，故称无阻力卫星；1981年5月发射的经过改进的实用型子午仪号卫星改名为新星号。

卫星运行在高度约1100千米的近圆极轨道上，目的是为了避免多普勒效应减弱。它们在轨道面上均匀分布，组成围绕地球的空间导航网，六颗卫星在轨道上的配置似鸟笼形状。该导航网可为全球任何地方的水下潜艇、水面船只、地面车辆和空中飞机等用户服务，用户每隔1.5小时左右就可以接收到每颗卫星以150兆赫与400兆赫频率连续播送的无线电信号。地球上各用户仔细记录无线电信号中的多普勒频移，根据多普勒效应，用计算机就能确定出地球上运动体（如潜艇等）所在的位置。这样一来，即使潜艇在浩瀚的海洋水下航行，潜艇上的人们也能时时刻刻知道自己所处的位置，在大海深处航行数月也不会迷失方向。

核潜艇

舰　船

◆ 通信卫星

通信卫星是指发射到赤道上空35786千米高的圆形轨道上，与地球自转同步运行（绕地球一周的时间与地球自转一周的时间正好相等，即23小时56分4秒）的卫星，也称地球同步通信卫星。实际上由于发射、控制等原因，通信卫星并非完全静止的，而是交替地向南半球和北半球缓慢地漂移。一颗通信卫星大约能供地球上

地　球

三分之一的地区通信，发射三颗这类卫星，彼此相隔120°，相距72600千米，就能覆盖除两极之外的所有地区，实现全球通信。

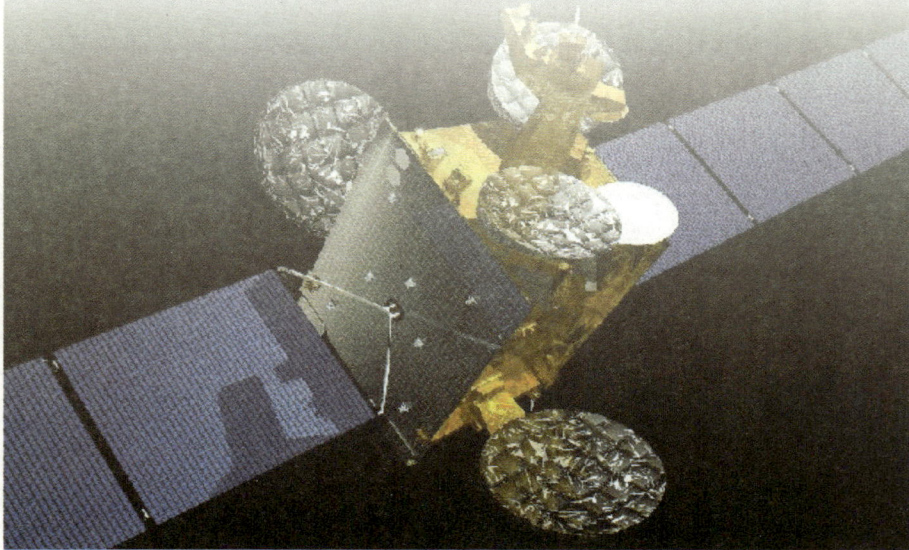
通信卫星

◆ 气象卫星

侦察卫星是从外层空间对地球及其大气层进行气象观测的人造地球卫星。卫星携带有各种气象遥感仪器，能接收和测量地球及其大气层的可见光、红外与微波辐射，并将它们转换成电信号传送到地面。地面站将卫星送来的电信号复原绘制成各种云层、地表和洋面图片，再经进一步的处理和计算，即可得出各种气象资料。气象卫星主要由气象观测系统和保障系统两部分组成，具

气象卫星云图

有能连续、快速、大面积探测全球大气变化的优点，是现代气象观测的重要手段。

◆ 侦察卫星

侦察卫星是用于获取军事情报的人造地球卫星。它利用光电遥感器或无线电接收机等侦察设备，从轨道上对目标实施侦察、监视或跟踪，以搜集地面、海洋或空中目标的情报。侦察设备搜集到的目标信息，可由胶卷、磁带等记录贮存于返回舱内，加以回收；或者通过无线电传输的方法实时或延时传输到地面接收站，经过处理，从中提取有价值的情

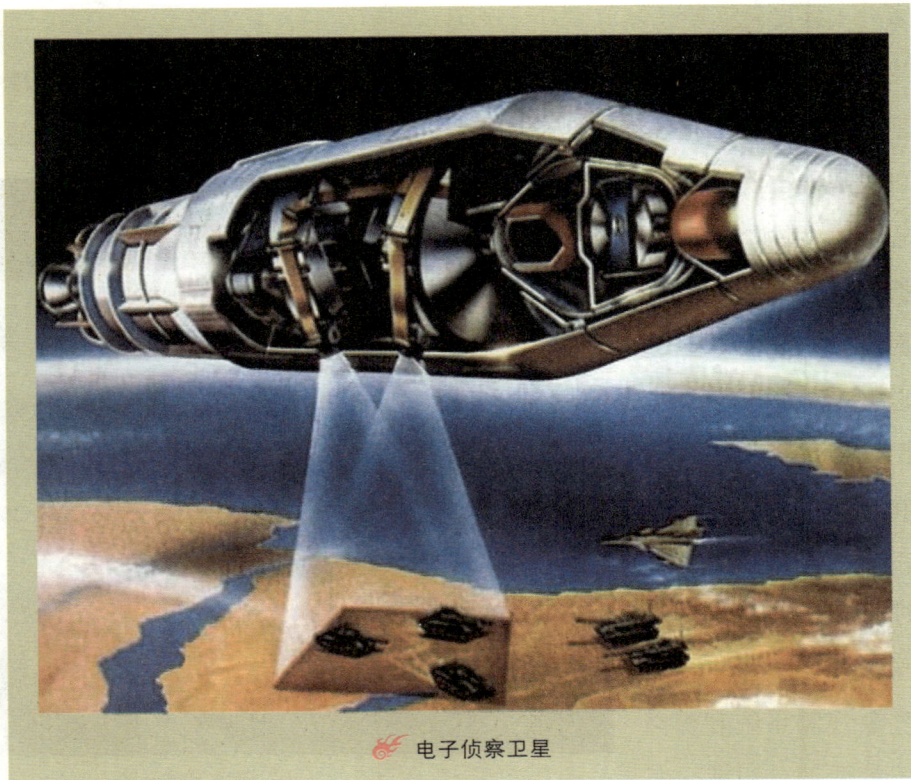

电子侦察卫星

报。卫星侦察具有侦察面积大、范围广、速度快、效果好、可定期或连续监视一个地区、不受国界及地理条件限制和能取得其他手段难以得到的情报等突出优点，在军事、政治、经济和外交等方面均有重要作用。因此，侦察卫星自1960年前后问世以来，已成功应用于照相侦察、电子侦察、海洋监视、核爆炸探测和导弹预警等方面，成为获取情报的有效工具。

导　弹

　　导弹是"导向性飞弹"的简称，是一种依靠制导系统来控制飞行轨迹的可以指定攻击目标甚至追踪目标动向的无人驾驶武器，其任务是把战斗部装药在打击目标附近引爆并毁伤目标，或在没有战斗部的情况下依靠自身动能直接撞击目标，以达到毁伤效果。简言之，导弹是依靠自身动力装置推进，由制导系统导引、控制其飞行路线，并导向目标的武器。

　　导弹有多种分类方法：按弹头装药性质分，弹头装普通炸药的，为常规导弹；核装药的，为核导弹；按飞行方式分，有弹道导弹和巡航导弹；按作战任务的性质分，有战略导弹和战术导弹；按发射点和目标分，有地地导弹、地空导弹、空面导弹、空空导弹、潜地导弹、岸舰导弹等；按攻击的兵器目标分，有反坦克导弹、反舰导弹、反雷达导弹、反弹道导弹导弹、反卫星导弹等；按搭载平台分，有单兵便携导弹、车载导弹、机载导弹、舰载导弹等。下面我们介绍一下战略导弹、战术导弹和巡航导弹。

歼10外挂PL-11和PL-8空空导弹

◆ 战略导弹

　　战略导弹是用于打击战略目标的导弹。进攻性战略导弹射程在8000公里以上，携带核弹头，

主要打击政治经济中心，军事、工业基地，核武器库及交通枢纽等重要战略目标。

◆ 战术导弹

用于直接支援战场，打击战役战术纵深内目标的导弹称为战术导弹。战术导弹的射程在1000千米以内，分类有打击地面目标的地地导弹、空地导弹、舰地导弹、反雷达导弹和反坦克导弹；打击水面目标的岸舰导弹、舰舰导弹和空舰导弹；打击空中目标的地空导弹、空空导弹等。

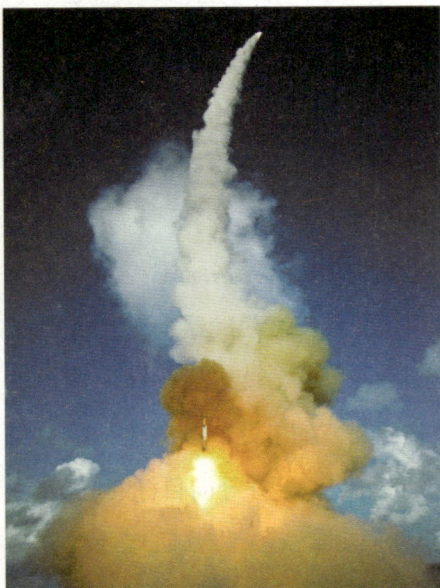

导　弹

◆ 巡航导弹

巡航导弹又称飞航导弹，它的大部分航迹处于"巡航"状态，即巡航导弹是用气动升力支撑其重量，靠发动机推力克服前进阻力，以近乎恒速等高度状态飞行的导弹。巡航导弹具有尺寸小、重量轻、精度高、成本低、机动性强和用途广等优点。巡航导弹所具有的

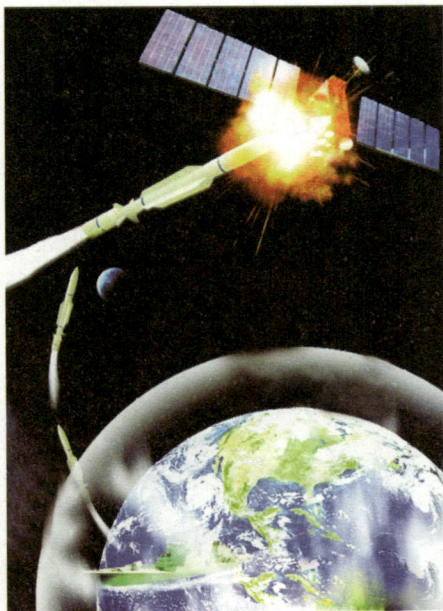

反卫星导弹

172

🌠 空地导弹

🌠 导弹

高命中精度及新型的高能常规弹头及核弹头，使它也能完成必须用战略导弹才能完成的任务。巡舰导弹可由陆上、海上及空中发射，一般飞行时间比较长，飞行速度不高（亚高速飞行）。为了提高突防能力，先进的巡航导弹都采用隐身科技，即减少其雷达、红外、光学和声学特征，提高隐蔽飞行的能力；并采用超低空变轨道飞行，以避开敌方雷达的搜索及防空系统，减少敌方采取拦截手段的机会。

🌠 超音速巡航导弹

173

雷　达

　　雷达是利用电磁波探测目标并测定其位置、速度和其他特征的电子设备。它利用目标对电磁波的反射特性来发现目标，并从接收信号中提取目标的位置和速度等参数。它通常通过向空间发射电磁波和接收目标回波信号的方式进行工作。当雷达发射的电磁波遇到各种物体时，就会向各个方向产生散射，其中的一小部分能量又返回雷达，这种反射波称为回波。目标的位置通常由以雷达为原点的球坐标系中的3个坐标——斜距、方位角和仰角决定。目标的斜距是根据回波脉冲相对于发射脉冲的时间延迟来测定的，目标的方向是利用雷达天线定向辐射的特性测定的，目标的速度可以通过测量目标的位移变化率来确定。

地面卫星接收站

相控阵雷达

◆ 相控阵雷达

　　相控阵雷达也称平面雷达，是采用阵列天线实现波束在空间电扫瞄的雷达。相控阵雷达是对机械扫瞄雷达的根本变革，它的波束可在几个微秒内在全空域内跳跃，且波束形状灵活多变。因此与以往各种雷达相比，相控阵雷达具有更高的探测能力、更大的覆盖空间、更高的数据率，并且适应多目标环境。相控阵雷达可由计算机直接对信号进行处理和对雷达进行控制，在飞机、导弹、卫星中得到了广泛的应用。美国的"爱国者"导弹武器系统中就采用了相控阵雷达，集搜索、跟踪和制导与一体，大大提高了导弹拦截的能力。

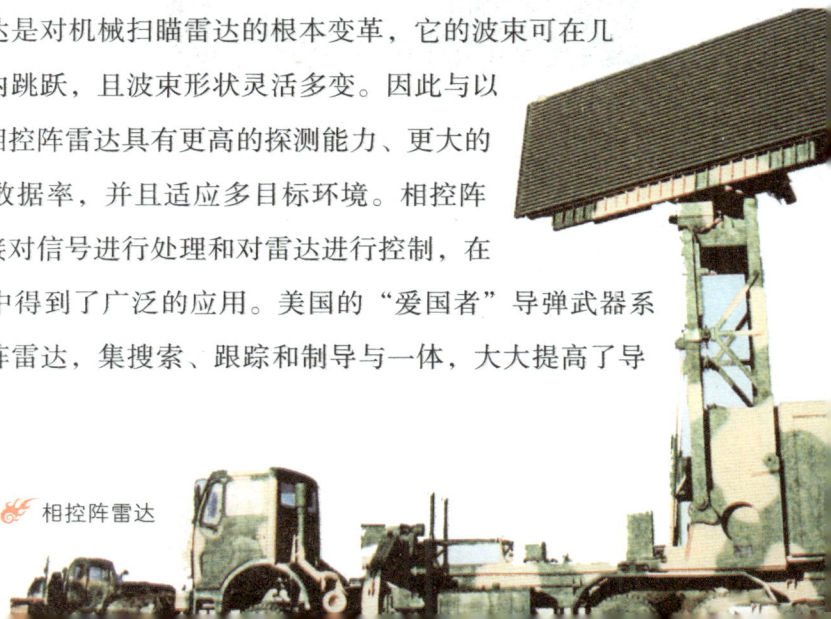

相控阵雷达

◆ 早期预警雷达

　　早期预警雷达是用于早期发现洲际导弹、潜地导弹和远程轰炸机等目标的远程雷达。它的作用距离通常为4000至5000千米，对洲际导弹能提供15至25分钟的预警时间；对潜地导弹能提供2.5至20分钟的预警时间；对距离为400至600千米、高度40千米以下的轰炸机，能提供20至30分钟的预警时间。

🚀 导　弹

战 舰

◆ 航空母舰

航空母舰以舰载机为主要武器，并作为其海上活动基地的大型军舰。按其任务和舰载机的性能分，有攻击航空母舰、反潜航空母舰和多用途航空母舰。航空母舰可装载飞机数十架

航空母舰

至百架左右，舰载机能携武器可对水面、水下、空中和陆地目标实施攻击。

◆ 巡洋舰

巡洋舰是一种主要在远洋活动的多用途水面战舰，是海军战斗舰艇的主要舰种之一。它装备有攻防武器系统，精密的探测计算设备和指挥控制通信系统，具有较厚的装甲、较高的航速、较大的续航能力和较好的耐波性，能在较长时间和恶劣气象条件下进行远洋机动作战。通常由数艘组成编队，或参加航空母舰编队担任翼侧掩护，常为旗舰，必要时

也可单舰进行战斗活动。

◆ 护卫舰

　　护卫舰是以导弹、舰炮、鱼雷为主要武器的轻型军舰，是海军水面战斗舰艇之一，主要用于反潜护航以及侦察、警戒、巡逻、布雷和支援登陆等。它装有舰炮、自动高射炮，舰潜、舰舰、舰空导弹，鱼雷，深水炸弹和干扰火箭等武器，配有反潜直升机1～2架，并装有性能良好的声纳和多种雷达。

🔥护卫舰

◆ 驱逐舰

　　驱逐舰是以导弹、反潜武器、舰炮为主要武器，并具有多种作战能力的多用途的军舰，是具有多种作战能力的中型军舰。它是海军舰队中

驱逐舰

突击力较强的舰种之一，主要用于攻击潜艇和水面舰船，舰队防空，
以及护航、侦察巡逻警戒、布雷、袭击岸上目标等，是现代海军舰艇
中，用途最广泛、数量最多的舰艇。驱逐舰是一种装备有对空、对海、
对潜等多种武器，具有多种作战能力的中型水面舰艇。它的排水量在
2000~10000吨之间，航速在30~38节左右。驱逐舰能执行防空、反潜、反
舰、对地攻击、护航、侦察、巡逻、警戒、布雷、火力支援以及攻击岸
上目标等作战任务，有"海上多面手"之称。

引　信

引信又称信管，是装在炮弹、炸弹、地雷等上的一种引爆装置。引信是利用目标信息和环境信息，在预定条件下引爆或引燃弹药战斗部装药的控制装置（系统）。根据不同炮弹弹种和对付目标的需要选择不同的引信。爆竹的火药捻子即是最早的引信。下面介绍一下触发引信、近炸引信、激光引信和红外引信。

◆ 触发引信

触发引信是弹头触及目标而引爆的引信。按结构分为机械式和机电式；按作用方式分为瞬发、惯性、延期和多种装定引信。瞬发引信的作用时间一般小于1毫秒；惯性引信作用时间一般为1～5毫秒；延期

🔥 地雷

引信的延期时间一般为10～300毫秒；多种装定引信兼有瞬发、惯性和延期三种或其中两种作用，根据需要预先装定。触发引信结构简单，工作可靠，应用广泛。

◆ **近炸引信**

近炸引信是弹头接近目标至预定距离时，靠目标某种特征的激励而引爆的引信。按其被激励的物理场的来源分为主动式、半主动式和被动式；按其被激励的物理场的不同分为无线电引信、光引信、磁引信和声引信等。"爱国者"导弹用的是无线电近炸引信。

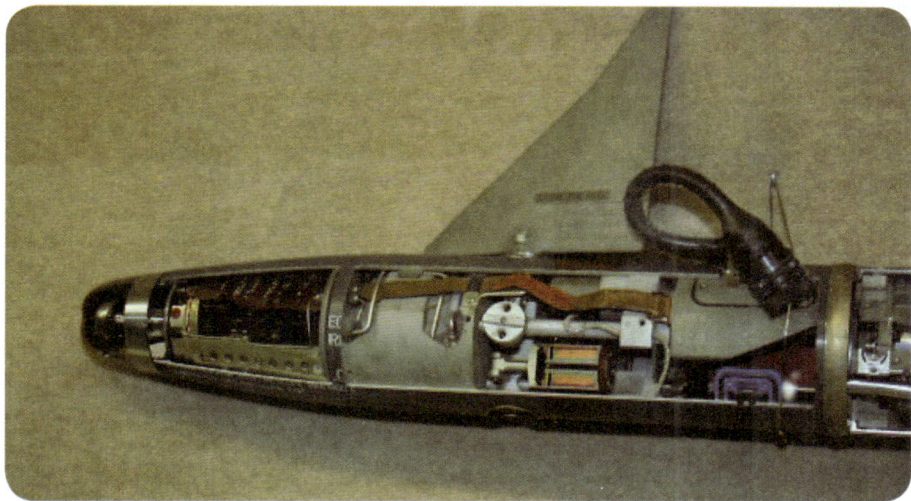

近炸引信

◆ **激光引信**

激光引信是利用激光束探测目标，测定起爆距离的光学引信。按工作方式分为主动式和半主动式两种；按工作体制分为连续波激光引信和脉冲激光引信。它具有光束极窄、很强的抗外界电磁场和静电感应干扰的能力、安全性好、能精确控制起爆点位置等优点，是一种新型的非触发引信。但激光束易受云、雾、雨的干扰，使用受到一定限制。

装配红外引信的导弹

◆红外引信

红外引信是利用目标辐射或反射的红外光引爆战斗部的光电引信。它由光学系统、红外探测器、放大器、信号分析电路和安全保险执行机构等组成，且为了抑制红外辐射源的干扰，常采用双通道红外敏感装置。红外引信有较强的抗电子干扰能力，但易受云、雾、雨等气候条件影响。

制导炸弹

制导炸弹是加装了制导装置和操纵面的航空炸弹，分为激光制导、电视制导、红外制导和"罗兰"制导四种。制导炸弹装备有弹翼、稳定器、控制舵和无线电控制设备等。它的命中精度高，圆概率误差只有普通炸弹的1/10。制导炸弹主要用于攻击桥梁、电站、机场设施和舰船等目标。

◆ 激光制导炸弹

激光制导炸弹是采用激光制导的炸弹，可由普通炸弹或子母弹加激光制导系统改装而成。前部是激光导引头和控制舱，中部是炸弹弹体，尾部有四片很大的弹翼。作战方式有单

制导导弹

机照射投弹、照射器与投弹飞机分开两种。炸弹投下后，自由下落。当被照射目标散射的激光能量强大到足以形成制导信号时，炸弹开始制导

🔥 激光制导导弹

飞行。激光能量透过玻璃保护罩进入导引头，经过滤光片和聚焦透镜聚焦到光敏元件上。光敏元件将光信号变成电信号，经放大和鉴别方位后形成制导信号，操纵舵面转动，控制炸弹飞向目标。激光制导炸弹的主要优点是轰炸精度高，威力大。激光导引头和控制部件能做成标准模件。因此，不同口径的普通炸弹均可以改装成激光炸弹。

🔥 空投子母弹

◆ 电视制导炸弹

电视制导炸弹是指装有电视导引头，能自动导向的滑翔式航空炸弹。投下后，炸弹可自动测定和修正偏差，使之命中目标。这种制导炸弹命中精度较高。

◆ 红外制导炸弹

红外制导是利用红外探测器捕获和跟踪目标自身辐射的能量来实现寻地制导的科技。红外制导科技是精确制导武器一个十分重要的科技手段。红外制导科技分为红外非成像制导科技和红外成像制导科技两大类。红外非成像制导科技是一种被动红外寻地制导科技，任何绝对温度在零度以上的物体，由于原子和分子结构内部的热运动，会向外界辐射包括红外波段在内的电磁波能量，红外非成像制导科技就是利用红外探测器捕获和跟踪目标自身所辐射的红外能量来实现

红外制导炸弹

PL-8红外制导格斗导弹

185

精确制导的一种科技手段；红外成像制导科技是利用红外探测器探测目标的红外辐射，以捕获目标红外图像的制导科技，其图像质量与电视相近，但它却可在电视制导系统难以工作的夜间和低能见度环境下作战。

◆ "罗兰"制导炸弹

"罗兰"制导炸弹是利用罗兰导航原理把炸弹导引到预定目标的制导炸弹。"罗兰"制导炸弹上装有罗兰信号接收机和计算机，投弹前将载机位置和目标位置引入计算机，投弹后该计算机对接收的罗兰信号进行处理，算出炸弹偏离规定航线的实际位置，然后根据这两个位置的差值发出控制信号，使炸弹飞向目标。

"罗兰"制导炸弹